聪明女人幸福书

朱吉亮◎编著

中国纺织出版社

内 容 提 要

在这竞争激烈的社会中,每个女人都希望找到一个温暖的港湾,让自己的生活充满幸福。其实幸福并不是别人给予的,而是需要自己去创造、去争取。真正的幸福是用心去感悟,女人只有让自己的心智成熟起来,才能慢慢体会到幸福的味道。

本书本着不同女性对幸福的不同定义,分门别类地为女性读者找寻幸福的足迹,让每位女性朋友都能在品味生活的同时,发现属于自己的幸福。细腻的笔触、翔实的案例,让女人能在自己的生活中寻到幸福的踪影。无论你寻找的是外表带给你的幸福,是工作带给你的幸福,还是爱情带给你的幸福,只要有开启幸福之门的钥匙,你的幸福就能唾手可得。

图书在版编目(CIP)数据

聪明女人幸福书/ 朱吉亮编著. —北京:中国纺织出版社,2012.5 (2024.4月重印)

ISBN 978-7-5064-8184-7

Ⅰ.①聪⋯ Ⅱ.①朱⋯ Ⅲ.①女性—幸福—通俗读物 Ⅳ.①B82-49

中国版本图书馆 CIP 数据核字(2011)第 261059 号

策划编辑:曲小月　　责任编辑:赵东瑾　　责任印制:陈　涛

中国纺织出版社出版发行
地址:北京东直门南大街6号　邮政编码:100027
邮购电话:010—64168110　传真:010—64168231
http://www.c-textilep.com
E-mail:faxing@c-textilep.com
北京兰星球彩色印刷有限公司印刷　各地新华书店经销
2012 年 5 月第 1 版　2024年4月第2次印刷
开本:710×1000　1/16　印张:16.5
字数:194 千字　定价:75.00 元

凡购本书,如有缺页、倒页、脱页,由本社图书营销中心调换

关于幸福,不同的人有不同的看法。那么,究竟什么是幸福?从社会学的角度来看,幸福是指心理欲望得到满足时的状态,或者说,从生活中获得较长时间的满足,体味到巨大的乐趣,由此自然而然产生希望这种生活持续久远的愉快心情。

每个女人都知道,幸福生活是自己一生的追求。可是,到底怎样才算是幸福?嫁给自己爱的人幸福还是嫁给爱自己的人幸福?受人保护幸福还是坚强独立幸福?物质丰富幸福还是精神富足幸福?女人的幸福感常常来得快也去得快,也许跟女人天生感性且容易情绪化有关。那么,这世间有什么能让人觉得长久幸福呢?又也许,幸福并不只是得到什么,而是一种能力……为此,我们需要解读一下女人的幸福,从而帮助女人知晓自己是不是正在敲开幸福的大门。

生活中,并不是每个女人都能获得幸福,或是都能感受到幸福。我们身边有这样一些女性朋友,她们感到自己过得不幸福或者不太幸福,有个别的甚至觉得幸福对于她来说是件稀罕事。毫无疑问,除了那些不幸的女性,还有许多看似幸福的女性仍然感到不幸福。在这些缺乏幸福感或者正在遭遇着不幸的女性中,存在着各种各样的原因:社会竞争压力大、工作不顺心、工作业绩不明显、经常受到领导批评、回家后孤单一人、当上"房奴",一想到还贷就头昏脑涨;丈夫"出轨",只能勉强维持名存实亡的婚姻;遭遇家庭暴力,对方为一点小事就针锋相对、大打出手;有一份让别人羡慕的收入,却没有让自己喜欢的生活方式……幸福仿佛与她们绝缘！而实际上,幸福离她们只有一步之遥,只要她们敢于推开幸福这扇门,敢于打破现在这种不幸福的生活状态。

因为女人的幸福不是别人给予的,也不能寄托在别人身上,而是需要自己去创造、去争取。不能因为别人给你幸福,你就幸福;别人不给你幸福,你就不幸福。幸福与否,全靠你自己去把握,因为幸福的种子就在每个人的心间,需要自己去灌溉、去逐渐培养,否则它就会干枯。可以说,女人的幸福与自身的因素有着密切的关系。这需要我们做到以下几点:

积极心态:有什么样的心态,就有什么样的人生。积极乐观的心态是女人家庭幸福、事业成功的根本,是女人展露笑靥与展现风姿的源泉,它不仅可以让女人快乐一生,更能让女人幸福一生。

完美心性:真正的幸福是要用心来感知的。女人要想获得真正的幸福,首先就要修炼心性,一个有修养的女人,对世间的万事万物便能泰然处之,待人处事不温不火,处处彰显自己和善仁慈的女性魅力！

身体力行:幸福就像幸运女神一样,不会自己主动上门,需要我们努力奋斗,勤奋作为,苦苦寻觅,真心地迎接幸福的姗姗到来。

装点美丽:女人的美丽是"装"出来的,人说,漂亮的女人不如可爱的女人,可爱的女人不如有品位的女人。有品位的女人不一定要有多漂亮,但她一定是一个耐看的女人,透过她的装扮,她的爱好甚至举手投足,都能感受到她高贵的气息。

……

但谁又能做得如此完美呢？女人如怒放的鲜花,如果你还不知道如何让你的"花期"持久延续,如果你还不知道如何让你的姿态更趋完美,那就让《聪明女人幸福书》来告诉你吧！它会帮你敲开你的幸福之门！

编著者
2011 年 12 月

目录

第1章 解读女人的幸福,你是不是正在敲幸福的大门 ········ 1

唯有幸福才能赋予生命真正的意义 ········ 3

幸福像一扇门,你不去敲,它就很难自动开启 ········ 5

幸福的种子在心田,如何灌溉全在自己把握 ········ 8

养尊处优并非就是女人的幸福状态 ········ 11

一味地得到也不能让你体会到幸福 ········ 14

幸福是门"综合科目",平衡才是真谛 ········ 17

幸福受外因影响,却只会被内因而左右 ········ 20

第2章 选择好关注的视角,决定女人幸福的旅程 ········ 23

关注的角度决定女人的幸福指数 ········ 25

不要用别人的眼光去审视自己的幸福 ········ 28

远离"比较"视角,关注真实的自己 ········ 30

为什么人都需要一双发现美的眼睛 ········ 33

是该关注"眼前",还是该着眼于"未来" ········ 36

对焦"细节点",体会细腻的幸福 ········ 38

对焦"宏观处",感受博大的幸福 ………………………………… 41

第3章 阳光调养女人心,积极的心态是得到幸福的永恒公式 …… 45

唯有积极的心态,才能得到幸福的结果 ……………………… 47
别让悲观情绪奴役自己,幸福与乐观同行 …………………… 49
驱走压力的阴霾,让阳光洒进心房 …………………………… 52
向知己倾诉,把烦恼说出来吧 ………………………………… 55
抱怨让女人衰老,不满是对自己病态的怜悯 ………………… 58
调节心理,"阳光暴晒"会让自己乐极生悲 …………………… 60
磨难与逆境不过是飘来的"浮云" …………………………… 63

第4章 扭转乾坤的改变,请把幸福的指针对准自己 ……………… 67

当你偏离了幸福的方向,是否能清醒回归 …………………… 69
放弃执念,不要让"轴"摧毁了自己的幸福 …………………… 71
你的改变从哪里开始到哪里结束,才算幸福 ………………… 74
与时俱进,学会跟随时代变化自己的步伐 …………………… 77
改变不意味着失去自我,而是成就自我的方式 ……………… 80
21天养成好习惯,带你走进幸福站台 ………………………… 82
由量到质的飞跃,破茧成蝶的幸福感 ………………………… 86

第5章 自我意识的建立与巩固,女人昂首阔步迈向幸福 ………… 91

自我认知,女人迈向幸福的敲门砖 …………………………… 93
女人不可丢失"自信"这颗永葆幸福的灵丹 …………………… 96
自卑会夺走女人的所有美丽 …………………………………… 99
关注自己,不断了解和挖掘自身潜能 ………………………… 101
绝不扭捏退却,昂起身姿大方行事 …………………………… 104

瑕不掩瑜,承认不足但不失自信 …………………………… 107

自信不自大,在谦卑中进步 …………………………………… 109

不要包裹上依赖的"糖衣",女人要自立 …………………… 112

第6章 女人修炼完美心性,用心感知才能得到幸福 …… 115

和善仁慈,体现女人独有的内涵 …………………………… 117

平和的心态是保养的秘方,凡事要泰然处之 ……………… 119

豁达包容,有风度的女人行好运 …………………………… 122

知足谈何容易,幸福却贵在于此 …………………………… 125

用放松的心情享受当下的生活 ……………………………… 128

感恩于世,懂得报答才更有收获 …………………………… 131

第7章 由内而外透出女人的灵性,深幽的内涵酝酿幸福 … 135

读书增长的是智慧,幸福的是心灵 ………………………… 137

制订自己的学习计划,筹划未来发展 ……………………… 140

时时充电,丰富内心才能获得开心 ………………………… 143

及时请教,让女人收获颇多 ………………………………… 146

艺不压身,女人要有自己的爱好特长 ……………………… 149

阅读经典,将永不过时的美丽埋在心底 …………………… 152

第8章 美丽是女人一生的追求,幸福需要精心地装点 …… 157

不修边幅的女人没有幸福可谈 ……………………………… 159

美丽在于品位,不在于奢华 ………………………………… 161

一点点精心的点缀,让女人拥有最特别的味道 …………… 164

打造精致的服饰妆容,散发你的气质 ……………………… 167

不要千篇一律,独特才是致命吸引力 ……………………… 170

发丝手脚,修饰好细节很必要 …… 173
用"微笑"随时来给女人做美容 …… 176

第9章 身体力行的催化剂,让幸福更贴近女人的身心 …… 181

正视自己的幸福,呵护已有的所得 …… 183
制订幸福目标,从此刻身体力行 …… 186
给自己一个静谧空间,全身心冥想体味幸福滋味 …… 189
用日记记录幸福点滴,失意时可以品味感怀 …… 191
付出劳动,让家人与你共同分享幸福成果 …… 194
亲近自然,户外活动让你神采奕奕 …… 197
美女要运动起来,感受出汗的幸福 …… 200

第10章 呵护情感关系,心灵互通保养女人幸福常态 …… 205

请保护好此生不变、血溶于水的亲情 …… 207
爱情需要付出,才能收获温暖的爱意 …… 210
迷糊一点对待爱,不要总挑情感的刺儿 …… 213
保留一点小神秘,吸引人要有独门秘籍 …… 216
给男人面子,不要总想争出胜负 …… 219
不必太矜持,沟通才能爱得更明白 …… 222
懂得珍惜,所有的感情都禁不起斤斤计较 …… 226
不可过于执著,失去自我的爱是苦果 …… 229

第11章 体现你的价值,拥有事业、收获有成就感的幸福 …… 233

热爱你的工作,用心享受做事的过程 …… 235
莫把薪资作为衡量工作的唯一标准 …… 238
细致有条理,不忽视每一件小事 …… 241

多和同事沟通,深厚的团队感情让你更有活力 …………… 244
与上级多交流,把握机会表现自己 …………… 247

参考文献 …………… 251

第 1 章

解读女人的幸福,你是不是正在敲幸福的大门

所谓幸福,该如何描述呢?字典上说,幸福是一种持续时间较长的对生活的满足,以及感到生活有巨大乐趣,并自然而然地希望持续久远的愉快心情。可是到底怎样才算是幸福?嫁给自己爱的人幸福还是嫁给爱自己的人幸福?受人保护幸福还是坚强独立幸福?物质丰富幸福还是精神富足幸福?女人的幸福感常常来得快也去得快,这也许跟女人天生感性且情绪化有关。那么,这世间有什么能让人觉得长久幸福呢?也许,幸福并不只是得到什么,而是一种能力……为此,我们需要解读一下女人的幸福,从而帮助女人们知晓自己是不是正在敲幸福的大门。

❀ 唯有幸福才能赋予生命真正的意义

现实生活中,茶余饭后,可能有很多女性朋友会发出这样的疑问,生命的意义是什么? 女人是为谁而活? 其实,这个问题范围太广了,每个人对这两个问题的理解不同,但总的来说,生命的意义就是寻找幸福。举个简单的例子:小时候,妈妈告诉我们要好好学习,长大后成为栋梁之才,我们都知道这一句话是对的,但是真正懂得"好好学习,长大后成为栋梁之才"这句话含义的时刻,绝对不会是妈妈告诉我们这一句话的时刻! 而是我们学会了承担责任,找到了使命的那一刻! 所以,你觉得生命的意义就是'寻找快乐'的时刻。

的确,有些女人可能会认为:拥有迷人的身材和美丽的容颜就是生命的意义;拥有富足的生活就能证明生命的意义;拥有令人骄傲的事业就是生命的意义……诚然,这些的确都能证明女人的与众不同,但真正能让女人感知生命的,却是生活中那些点滴的幸福。

有这样一对闺蜜,一个叫凯文,一个叫洪娜。凯文就职于一家著名的外企,而洪娜则是一名小学教师。凯文经常问洪娜:"如果你遇到比你身边的男人更优秀的男人时,你怎么办?"这正是凯文经常要问自己的问题。凯文在自己的情感世界中是:她把身边的男人叫"现货",把更优秀的男人叫"目标"。凯文每次的选择都是先锁定"目标",然后及时"清仓",最后"新货上架"。

凯文是一名白领精英,生活在繁华的大都市中心,经常提着 LV 的箱包满世界签合同。在周围的朋友看来,她好像很幸福,因为她身边总是不乏那些成功男士。大家开玩笑说,凯文换未婚夫的速度就像时尚杂志更新自己的封面,每月一款,虽然略有不同,但一定是当月"最新样式",而且必然在不

远的未来迅速流行。最早的时候,当普通女性还在为自己找了一个有"桑塔纳"的男人而沾沾自喜时,凯文的身边已经云集了数位"宝马"和"奔驰"拥有者;后来流行起找有"外血"的,她的追求者就改成了"多国部队"——美国的、法国的、意大利的、德国的、丹麦的、芬兰的、大不列颠的;再后来,随便的有钱人和普通的外国留学生都算不得"样板"男人了,她的未婚夫就成了哈佛毕业的,有好几个博士文凭和若干硕士学位的华尔街精英。

凯文对洪娜的生活表示不理解,她认为洪娜和丈夫结婚五六年还生活在一起简直很奇怪,一定是因为彼此都没有什么太大的追求,她常常问洪娜:"难道你从来没有遇到比现有的老公更好的男人吗?"口气中充满怜悯。

洪娜告诉她:"我老公跟我结婚的时候,对我说:'我知道你想嫁一个比尔·盖茨那样的人,我也想成为比尔·盖茨,不过,你有没有想过,作为普通的人,也可能有普通的乐趣?'还有一次,我和丈夫吵架后,无意中看到他的一份邮件,那份邮件的大意是说:'山外有山,楼外有楼,天下比她好的女人很多,比她对我好的女人也很多,但是既然我们在一起这么久了,彼此又没有什么大的问题,又何必分开呢?'后来我知道,他的朋友一直在矢志不渝地拆散我们,因为在他的朋友眼里,我既不年轻貌美又缺乏温柔体贴,所以他们不停地给我的老公推荐新人,尤其在我们吵架的日子里。'死生契阔,与子成说。执子之手,与子偕老。'这是张爱玲最喜欢的诗经里的句子,因为张爱玲喜欢,所以很多人就跟着喜欢了,包括我也是一样。不过,以前我一直没有读出来这些句子里有'珍惜'的含义,经历过一些事情以后,我懂得了什么是珍惜——珍惜的意思不是指去珍惜更好的东西,而是指不要轻易破坏自己已经得到的东西,这就是我的幸福。"

听完这些,凯文说:"或许我知道了自己到底要的是什么了。"

多么令人感动的一段话!的确,作为一个女人,或许我们一直误解了生命的真正意义。或许你已拥有天使的面孔、魔鬼的身材;有令人羡慕的成功事业;有丰富的物质生活;有常换常新的恋情;有独特的才华技能,那么,你现在幸福吗?你今天由衷地笑了吗?

正如故事中洪娜的丈夫所言,一个女人,即使你嫁了一个资产上亿的男人,帐下有三五家上市公司,有花不完的钱……你的生命就大放光彩了吗?有时候,这只能说明你过上了好日子,而不一定幸福。而即使灰姑娘没有嫁给王子,她的生活也并不是黯然无光的,只有当她为此终日苦恼,没完没了的时候,她的生活才彻底与幸福绝缘。另外,即使你不是这个世界上最美丽的女人,那有什么关系?你一样可以迈开追寻幸福的脚步!即使你们的感情不是世界上最轰轰烈烈荡气回肠的爱,那又怎么样,你一样可以在点点滴滴的生活中体味属于你自己的幸福!

❋ 幸福像一扇门,你不去敲,它就很难自动开启

每个女人都知道,幸福生活是自己一生的追求。但并不是每个女人都能获得幸福,或是都能感受到幸福。我们身边有这样一些女性朋友,她们感到自己过得不幸福或者不太幸福,有个别的甚至觉得幸福对于她来说是件稀罕事。毫无疑问,除了那些不幸的女性,还有许多看似幸福的女性仍然感到不幸福。在这些缺乏幸福感或者觉得遭遇着不幸的女性中,存在着各种各样的原因:社会竞争压力大、工作不顺心、工作业绩不明显、经常受到领导批评、回家后孤单一人、当上"房奴",一想到还贷就头昏脑涨;丈夫"出轨",只能勉强维持名存实亡的婚姻;遭遇家庭暴力,对方为一点小事就针锋相对、大打出手;有一份让别人羡慕的收入,却没有让自己喜欢的生活方式……幸福仿佛与她们绝缘!而实际上,幸福离她们只有一步之遥,只要她们敢于推开幸福这扇门,敢于打破现在这种不幸福的生活状态。

叶昕今年二十八岁了,和很多同年龄段的女人差不多,她结婚一年多,和丈夫恋爱的那段时间,是她最难忘的时光。

她本来以为找个好人家把自己嫁出去，往后的生活会围绕着丈夫与孩子团团转，一辈子也就这样了。但是，当她真的成家以后，却经常感到很迷茫，觉得浑身不自在。

更让她感到糟糕的是，婚后的丈夫也好像变了，找了份安稳的工作后，就变得不思进取，每天下班回家后就是打扑克、泡酒吧，这让她打心眼里嫌弃丈夫的无能和窝囊，再加上家里的经济条件并不十分宽裕，因此她很不开心，时常唉声叹气。

一个星期天，叶昕的一个闺蜜邀她出去喝咖啡，她借此诉说着心里的烦恼，埋怨自己嫁错了人。好友善意地提醒她："如果你总想着让老公多赚外快、增加收入，那么你恐怕很难感到快乐。既然你自己有理想、有能力，为什么不干脆自己创业或者努力工作呢？"这番话点醒了叶昕，她仔细一想，觉得好友的话十分在理，于是她开始留意身边的各种机会。

半个月后，邻居准备转让一家餐馆，她就动了心思，打算把餐馆接过来。当时，丈夫和婆婆都不同意，觉得她一个女人能干成什么事，再说她也缺乏经营经验，而且事情太繁杂，怕她遭罪。但叶昕坚持接了下来。

为了让这家餐馆顺利营业，也是为了争一口气，她先请了一位手艺高超的大师傅，自己就在旁边认真学习，仔细揣摩。一年之后，她就可以亲自掌勺了。由于她认真负责，餐馆的四川风味又很地道，马上就吸引了大批顾客，她的生意也红红火火起来。

尤其让她感到高兴的是，因为她打开了自己人生的新局面，丈夫也不再游手好闲了，时常来帮她招待客人，管理餐馆的大小事务。而且，她的丈夫在工作中也开始奋发向上。此后，丈夫常感激她，说她让他自己找准了人生方向，就像周华健唱的那首歌——"若不是因为你，我依然在风雨里飘来荡去，我早已经放弃……"

如今的他们，在生活中能够互相交流自己的想法和意见，感情也比从前更加融洽了。

这就是一个聪明女人不甘于现状,用自己的能力改变现状的典范。刚开始,她觉得围着丈夫和孩子转就是幸福,但实际上,那并不是她要的生活,她很快发现自己过得并不快乐,在闺蜜的提点下,她很快找到了努力的目标。事实证明,她有能力经营好自己的事业、自己的幸福,她与丈夫的感情也比以前更加亲密、融洽了。

人们常说:男女有别。古往今来,在中国人的思想里,这种观念已经根深蒂固——在社会中,男性占据着绝对的统治地位,而女性处于附属依赖的地位,女人必须依靠男人才能过得幸福。而作为女人,始终应该是被动、依靠男性的一方,无论是感情还是事业上,似乎女人都应该保持"女子本色",这种所谓的"女子无用论",千百年来奴役了无数的优秀女性,甚至到现在,这些陈旧的老思维也经常影响着女人们的生活,让女人觉得自己的一辈子要靠男人,自己是个"女流之辈",永远做不好什么大事。然而,事实却证明了,在现代社会,女人各方面的能力都不比男人差,甚至在某些方面要比男人做得更好。

那么,作为女人,该如何敲开自己的幸福之门呢?

1. 永远对自己充满信心

站在幸福的门口,如果你迟迟不肯作出决定,更不敢站出来,也不表露自己的意愿,最终肯定是"无可奈何花落去","一江春水向东流",落得个自怨自艾。如果你不勇敢地走出自己设置的心理障碍,不主动地展示自己,那么你真的很难成功。

你要随时告诉自己:"我是自信的,我是美丽的,我有实力,我的能力是最棒的!"你必须有自信心,对认准的目标有大无畏的气概,怀着必胜的决心,主动积极地争取。

2. 要有独立自主的思想

女人不是男人的附属品,女人应该是独立的,有独立的思想,独立的人格,独立的情感。很多女性在结婚典礼时,都会对自己未来的丈夫说:"我把

自己的一生都交给你,你一定要给我幸福和快乐!"这只是一种嘱托和对幸福婚姻的态度,而不是要求女人真的把自己交托给男人。女人必须做到独立、自主、保持对生活的热爱,遇到任何事情都要有良好的心态,要每一天都开开心心,脸上带着笑容,你要记住:如果你不重视、不在乎自己,别人自然也不会在意你。

3. 一个女人应该有一份养活自己的工作

工作不仅能让女人保持年轻美丽,还能让女人维持一个对外联系的交际网。没有工作的女人会越来越落后,跟不上时代的步伐,以至于被社会所遗忘。当一个女人成为全职的家庭主妇时,她跟丈夫的距离也会越来越大。拥有事业,可以提供一个长期而广阔的发展空间,让女人体现自身的价值,更能给她带来无与伦比的成就感。

总之,幸福不是上天的恩赐或者是坐着等来的。"靠山山倒,靠人人倒,靠自己最好。"女人能否拥有幸福,决定权就在自己的手里。现在,是女性改变自己陈旧思维的时候了,是依靠自己过自己想要的生活的时候了!

❀ 幸福的种子在心田,如何灌溉全在自己把握

关于幸福,不同的人有不同的看法。那么,究竟什么是幸福?从社会学的角度来看,幸福是指心理欲望得到满足时的状态,或者说,从生活中获得较长时间的满足,品味到巨大的乐趣,由此自然而然产生希望这种生活持续久远的愉快心情。可见,幸福是要从精神层面考量的。女人的幸福不是别人给予的,也不能寄托在别人身上,而是需要自己去创造、去争取的。不能因为别人给你幸福,你就幸福;别人不给你幸福,你就不幸福。幸福与否,全靠我们自己去把握,因为幸福的种子就在每个人的心间,需要你去灌溉、去逐渐培养,否则,它就会干枯。可以说,女人的幸福与自身的因素有着密切

的关系。

著名女作家塞尔玛在成名前曾陪伴丈夫驻扎在一个沙漠的陆军基地里,丈夫奉命到沙漠里去演习,她一个人留在基地的小铁皮房子里,沙漠里天气热得受不了,就是在仙人掌的阴影下也有125华氏度约52摄氏度。而且她远离亲人,身边只有墨西哥人和印第安人,而他们又不会说英语,没有人和她说话、聊天。她非常难过,于是就写信给父母,说受不了这里的生活,要不顾一切回家去。她父亲的回信只有两行字,但它们却永远留在了她的心中,也完全改变了她的生活,这两行字是:

两个人从牢中的铁窗望出去,

一个看到泥土,一个却看到了星星!

塞尔玛反复读这封信,觉得非常惭愧,于是她决定要在沙漠中找到星星。她开始和当地的人交朋友,而他们的反应也使她非常惊讶,她对他们的纺织品、陶器表示感兴趣,他们就把自己最喜欢但舍不得卖给观光客的纺织品和陶器送给了她。塞尔玛研究那些引人入迷的仙人掌和各种沙漠植物,又学习了大量有关土拨鼠的知识。她观看沙漠日落,还寻找海螺壳,这些海螺壳是几万年前沙漠还是海洋时留下来的……原来自己难以忍受的环境变成了令人兴奋、流连忘返的奇景。她为发现新世界而兴奋不已,并为此写下了《快乐的城堡》一书。她也终于看到了星星。

那么,是什么使塞尔玛的内心发生了这么大的转变呢?是这些墨西哥人?是这些印第安人?都不是,是她的心态改变了。一念之差,使她原先认为恶劣的生活状态变成了她一生中最有意义的冒险。也就是说,因为父亲的这封信,塞尔玛唤醒了内心沉睡的那颗幸福的种子。于是,她不断去灌溉那颗种子,主动与当地人接触、学习他们的文化,当她改变心境之后,她的生活也就幸福了。

所以说,很多时候,女人幸不幸福,关键在于自己的心灵。如果我们能摆正心态,让那颗幸福的种子生根发芽,那么我们便是幸福的。不过,作为一个女人,该如何灌溉这颗幸福种子呢?

1. 少点抱怨

幸福的女人并不是因为她们拥有更多的幸福,而是因为她们对待生活的心态不同。无论遇到什么,她们多半不问"为什么",她们不会在"生活为什么对我如此不公平"的问题上作过长时间的纠缠,而是努力去想解决问题的方法。就这样,她们逐渐锻炼了解决问题的能力和坦然面对生活的心态,由此,在她们心中的幸福感自然也就多了一点。

2. 少点安逸

幸福的女人总是让自己保持一颗奋发向上的心,她们总是离开让自己感到安逸的生活环境,幸福有时是离开了安逸生活才会积累出的感觉,从来不求改变的人自然缺乏丰富的生活经验,也就难感受到幸福了。

3. 保持心态平衡

如果你过于计较事情的结果,就无法享受过程中的乐趣,而且很容易产生患得患失的畏惧心理,以至于犹疑徘徊,裹足不前。

比如,如果你追求心仪的异性,绝不是请求对方给予恩赐,而是让对方不要错过一个可以使他幸福的人。面对人生的挑战,你也要有这种自信:别人很重要,我也同样重要。如果我得到了机会,我一定会做得比别人更好!

聪明的女人,总会在别人还没来得及看清机遇的时候,就已经思虑周全,及时抓住机遇勇敢地挺身而出,从而顺利取得令人羡慕的成就了。懂得这些道理,也就意味着我们发现了超越他人、成就自己的机会。

4. 感受友情

可能我们的朋友并不能为我们带来多少利益,但一段深厚的友谊才能让我们感到幸福。友谊所衍生的归属感和团结精神让人感到被信任和充实,任何一个懂得经营自己幸福生活的女人,都知道朋友的力量,都有几个可以让自己信任的闺蜜。

5. 勤奋工作

专注于某一项活动能够刺激人体内特有的一种荷尔蒙的分泌,它能让人处于一种愉悦的精神状态。研究者发现,工作能发掘人的潜能,让人感到被需要和责任,这能给予人充实感。

6. 心怀感激

经常抱怨的女人把精力全集中在对生活的不满之处,而幸福的女人把注意力集中在能令他们开心的事情上,所以,她们能更多地感受到生命中美好的一面并心存感激,也因为对生活的这份感激,所以她们才感到幸福。

可见,幸福与否完全在我们自己的心间。一个女人只要保持一颗积极向上的心,努力经营自己的幸福,就能让幸福之花开满生活中的每一个角落!

❋ 养尊处优并非就是女人的幸福状态

人们常说,"女人干得好不如嫁得好",为此,一些女人把自己的幸福就完全寄托在嫁给一个好男人身上,而她们所谓的"好男人",其中有个重要的条件之一,就是有一定的物质基础。她们认为,只要嫁给了这样的好男人,就能养尊处优,就能幸福了。而事实上,真的是这样吗?当然不是,真正的幸福,是心理欲望得到满足时的一种状态。一种持续时间较长的,对生活的满足和感到生活有巨大乐趣,并自然而然地希望持续久远的愉快心情。

诚然,我们不能否认,有时候物质上的满足能让我们达到精神上的一种愉悦感受,但并不能带给我们所需要的幸福状态。细心的你可以发现,那些真正幸福、满脸春风的女人,多半是能在家庭和事业上不懈追求的人,而不是那种养尊处优的女人,因为她们深知,一个女人,必须要有自食其力的能力,有份养活自己的工作,只有这样,才能让自己保持活力。

小齐和茉莉既是大学同学,又是关系亲近的好朋友。她们的家庭背景不一样,小齐出生在农村,父母是地地道道的农民,因此,她告诉自己,一定要有出息,要努力;而茉莉则生长在干部家庭,父母都是机关单位的干部,父母长辈从小教育她要嫁个有钱人,否则只能吃苦。

大学毕业后,小齐和茉莉这对好姐妹就各奔东西了,但仍然保持着非常密切的联系。小齐一向都很独立,毕业的那一天,她就整理行装,踏上了南下广州的火车。初到广州,由于人生地不熟,她就只好和几个外地来的姑娘一起住在地下室,每天跑人才市场,到处寄自己的简历、参加各个公司的面试。

小齐的努力并没有白费,很快,她得到了一个好消息:她被一家中日合资的企业录用,并开始做市场开拓方面的工作。她经常早上六点半就出门,晚上十点以后才回家,大大小小的事务千头万绪,纷繁复杂,这些让她感到快要喘不过气来。不过,在这样高强度和高负荷的压力下,她的业务能力和工作经验都很快得到了提高。

一眨眼,小齐来广州也有三年了,她已经由一个业务员做到了中层管理人员,主要负责公司的管理培训工作。因为她是从基层一步一步走上来的,对于单位的各项流程和业务都非常熟悉,也积累了丰富的人脉资源。就这样,她实现了毕业后的第一个三年规划,并希望在未来三年内可以自主创业。

和小齐不同的是,她的姐妹茉莉则过着完全不同的生活。茉莉毕业后就留在了当地,一直想嫁入豪门的她,凭着自己的美貌和温柔的个性,如愿以偿地嫁给了一个事业有成的男性。她的丈夫有自己的公司,而且婆婆家有几套房,价值好几百万元,她也就索性辞掉工作,当上了全职太太。当然,因为家里有佣人,所以她完全成了一个养尊处优的全职太太,每天的生活就是打牌、买衣服。

小齐和茉莉虽然相隔数千里,但经常在网上聊天。这天,她们又在网上聊上了。小齐笑着说:"你现在有夫有子万事足,日子过得还好吧?"出乎意料的是,茉莉却回答道:"不好!"

小齐说:"你生活富裕,又是贤妻良母,这不是你一直想要的生活吗?"茉莉回了一个很沮丧的表情,"我现在是'闲妻晾母',有什么好的!真的是'商人重利轻别离',我老公成天不在家,跟我也越来越生分。在他眼里,签成几笔大单子比回家吃饭更重要!而且我现在又找不到合适的工作,整天就跟婆婆、儿子待在一起。我的精神几乎要崩溃了,刚才还大哭了一场。"

从这个故事中,我们可以看出这两个女性完全不同的生活状态,小齐通过自己的努力,不断地实现了自己的人生目标和人生价值;而茉莉则因为不想太累,就早早结婚,嫁了个有钱人,过上了衣食无忧的"幸福"生活。尽管她达到了物质上富有的目的,但在精神上她并不富有,她觉得自己并不如想象的那么幸福。确实,如果生活只是简单地延续下去,一个女人能不为柴米油盐忧虑,能有充足的物质生活,倒也不失为一件乐事,但每天对着同样的面孔,重复千篇一律的生活模式,无论谁都会产生审美疲劳和厌倦情绪。没有了变化和新意,没有了惊喜和活力,女人的幸福又从何谈起?又如何去维持?

那么,作为女人,如果你现在还在过着整日无所事事的生活,那么,你就必须要调整自己,对此,你不妨从以下几个方面努力。

1. 提高自己的生活品质和精神修养

一个女人除了有让自己的物质生活变得更好的愿望,还必须保持精神的独立,这样才能生活得更好。而且,无论什么时候,渊博的知识、良好的修养、文明的举止、优雅的谈吐、博大的胸怀以及一颗充满爱的心灵,这些都可以让女人活得有声有色。

2. 有份自己的工作

可能每个人对幸福的定义不同,但养尊处优绝对不是女人的幸福状态。女人也要有自己的人生理想和远大的抱负,没有工作和经济基础的女人,用什么来保证自己一辈子的幸福不褪色?女人可以生得不漂亮,但是一定要活得漂亮。活得漂亮,就是要活出一种精神、一种品位、一种至真至情的精彩。女人只要不自我放弃,没有谁可以阻碍她的进步。

3.培养热忱的工作态度

一个幸福的女人,哪怕她只是拥有一份很普通的工作,她也会踏实、勤奋、敬业,也会用自己的热忱去经营。做一个有干劲儿的女人,不是说要在职场上和男人拼个你死我活,争个高低上下,而是要问问自己:从第一份工作开始,有没有为自己设定一个奋斗目标?自己要的究竟是什么?

总之,女人应当懂得做生活的主人,做自己的主人,而不应该依附于男人而生活,要懂得为自己争取更好的生活,而这,就需要保持一种健康、乐观的心态,拥有一颗热爱生活的心!

❈ 一味地得到也不能让你体会到幸福

生活中,当一些女友聚在一起互相问候对方时,通常会问"你最近过得好吗?"比较普遍的回答是"不错"、"还行"、"马马虎虎,就是凑合着过!"其实,过得好还是不好,估计很多女人心理都没有标准。到底什么样的日子才叫过得好呢?对于女人来说,估计一致的回答是,希望工作与生活、家庭与事业都能顺顺利利。也就是说,每个女人都希望自己是个幸运儿,希望自己的人生路上能不断收获,但这是真的幸福吗?幸福是一种愉快的精神体验,可能你曾经有过这样的经验:读书的时候,如果你总是第一名,那么,时间一长,你也就失去了成就感;而如果你长期处于中上游的成绩水平,却因为努力学习拿到了第一名,那么你会感觉自己的努力得到了回报,而这种成就感往往大于前者。同样,幸福感也是如此,作为女性,一味地得到和收获是不能让自己体会到幸福的,因为很多幸福的瞬间,是只有失才能带给自己的。

王玉凤是河南省的一个普通农家妇女,但她又是一个不同寻常的女人:

丈夫早逝，她一个人扛起了这个家，并带领村里的农民走上了致富之路，将新农村建设搞得红红火火，并获得了不少荣誉。

王玉凤初中毕业后待业在家。其间，她通过亲戚介绍来到一家养殖场，于是，她学到了如何饲养家禽，包括猪、牛、羊、鸡、鸭等。与丈夫结婚后，他们夫妻俩办起了养殖厂。丈夫在外销售、打探市场消息，她在家管理，一家人的生活过得甜甜蜜蜜。

然而，好景不长，几年后的一天，她的丈夫突然因病去世，将年幼的女儿和年迈的婆婆丢给了王玉凤。她痛哭着问前来帮忙料理后事的村民："我现在该怎么办？今后该怎么办？"但是，没有人能给她一个答案。接着，她的女儿又摔伤住院，婆婆在医院照顾孙女时又被车撞伤，住进了医院，接连发生的一连串不幸的事情，让她陷入了困境。

她将自己关在屋里苦苦思考了一个星期，最终得出了一个答案：人活着就要往前奔。擦掉眼泪，走出悲痛，王玉凤又站了起来。她将养殖厂重新办了起来，从此开始了艰难的创业。经过千辛万苦，她的养殖厂终于蓬勃地发展起来，再然后，她还开始承包了村里的土地，种起了果树，村民在她的带领下，也开始走上发家致富的道路。如今，她的生活已变得多姿多彩。有一次，在全镇的致富大会上，王玉凤很激动地说："虽然我遭受了苦难，失去了很多，但我是幸福的，因为有舍就有得，因为失去，让我感受到了我从未感受过的东西，让我知道了什么叫奋发图强，什么叫坚强，什么叫努力……"

王玉凤的这番话为女性剖析了什么叫真正的幸福，得到并不意味着幸福，失去也并不意味着不幸福，失去会让我们更加懂得珍惜，更加懂得拥有时的快乐。

的确，任何一个女人，都在不断地追寻着幸福，她们也总有各种各样的愿望，但没有一个女人能够达成自己所有的愿望。要知道，每种生活都有每种生活的价值，生活本来就是很无奈的事情，因为生命对于每个人只有一次，所以你没有办法同时过很多种生活，也不可能总是得到，而没有失去。

比如,你不能既是王妃又是民女,既享受王妃待遇又享有普通女子的寻常之乐;另外,你也不能过完一种生活说不好,再重新来一遍。因此,你必须明白,所谓幸福都是相对的,没有绝对的;同时,所有的幸福都是个人化的,因为别人觉得美好的事情,你不一定觉得好。

那么,我们该如何在得失之间平衡这种幸福感呢?

1. 欲望无止境,要懂得满足

在很多女人的认知中,自己身体健康,有一份稳定的职业,每个月都有收入进账,家庭圆满,夫妻和美,不用为柴米油盐和疾病伤痛等杂事操劳费心,就是生活得"比较好"的状态。当然,有些女性还有更高的要求,认为这还不是让她们心满意足的状态。确实,如何生活得更好,不同的女人有不同的答案。当你只花200元就能买到精致的雪纺绸衫和漂亮的手提包时,你仍然会迫不及待地用半年的薪水去换一款LV的限量手袋;虽然你已经住上了让很多女性都羡慕不已的两室一厅,但你还想买一套100多平方米的复式新居……但得到这些后,就真的幸福了吗?的确,人的欲望本来就没有止境,尤其是对于一个心智正常的女人,不管她外表生得美或不美,也不管她是不是跟其他女伴们站在同一条起跑线上。因此,要让自己真的幸福起来,还需要我们做到知足。当然,这里的知足并不是说要安于现状,停滞不前,也并不是在自我能力与价值上的骄傲自满。

2. 懂得取舍

人们常说"舍得",说的就是"有舍才有得"。哪种生活是光有"得",没有"舍"的?不过是一个平衡关系。想一想我们常常接触到的"幸福学说",哪个学说不是在说"舍"和"得"的关系?只不过,幸福的人他清楚地知道自己要"舍弃"什么,并且安心地享受"得到"的部分;而不幸的人,有的尽管已经得到了很多,但是他总在为"舍"掉的部分痛惜。

3. 有所追求

在生活中,如果你想要实现自我价值,获得自己所向往的幸福感,就一定要改变那种"女人是弱者"、"干得好不如嫁得好"、"找到丈夫就找到了一张永远的饭票"的想法,将自己的狭隘的"小女人"思想上升到新时代的女强人、女能人的高度。因此,从现在起,如果你想保持健康美丽,就多做运动,早睡早起;如果你想拥有财富,就努力工作;如果你希望家庭美满,就学会包容耐心,理解体谅……这一切都与你的幸福有关。你希望得到什么,就要认真付诸行动。只要善于发现,勇于追求,不断地努力,你就一定能赢得幸福!

❊ 幸福是门"综合科目",平衡才是真谛

生为女人,其实要比男人承担多得多的东西。既要上班,又要做家务,还要十月怀胎承受孕育分娩之痛和养育之苦。有人说,作为女人是不可能完整的,是分成一瓣一瓣的,一瓣给丈夫,一瓣给孩子,一瓣给婆家,一瓣给娘家……这样,在别人的眼里,你才是好老婆,好媳妇,好闺女,好母亲……总之,做一个好女人,真的很难!正如著名演员刘晓庆曾说过:"做人难,做女人难,做名女人更难,做单身的名女人难乎其加难!"那么,要做一个幸福的女人,难吗?

有的女人,事业红红火火,外面风风光光,可是回到家里,却是冷锅冷灶冷饭碗,孤衾独枕、泪湿阑干,这样的女人,你能说她幸福吗?有些女人,为了自己的事业,抛家弃子,由于没有多余的时间照顾孩子,等孩子长大了,或走入了歧途,或和她形同陌路,这样的女人幸福吗?还有些女人,在家里什么都让丈夫很满意,可是一到单位,却缺乏工作热情,事业无成,憋屈郁闷,这样的女人自然也是不幸福的。

所以,聪明的女人懂得一个道理——幸福其实是门"综合科目",平衡才是真谛,要做就做家庭事业两不误的女人!要做就做成功女人!只有家庭没有事业,现在老公瞧不起,将来孩子瞧不起;只有事业没有家庭,没人瞧不

起,但却没有真正的幸福;既没事业又没家庭,连自己都瞧不起自己!

海伦娜·莫里西是无数英国乃至世界女性羡慕的对象。身为职场成功女性,她拥有事业家庭两不误的超凡能力。海伦娜刚满40岁,麾下公司资产已过30亿英镑,年薪超过7位数。更绝的是,这位职场女强人的家庭生活也十分美满,第八个孩子也将降生,是英国最受尊崇的"超级妈妈"。据报道,海伦娜行事低调,为人谦逊,并不对自己的成就沾沾自喜,也不认为自己是个"超级妈妈"。她只是表示自己是个幸运儿,既能生下这么多孩子,事业也还成功,不用为了在家庭和事业之间取舍而费神。

海伦娜毕业于名校剑桥大学,拥有哲学硕士学位,然而毕业后却辗转到纽约进入施罗德集团从事金融行业。海伦娜35岁获任英国牛顿投资管理公司的总经理时,就已经有了5个孩子。

尽管工作压力颇大,但海伦娜表示,生下第八个孩子后仍然会休产假,因为她一贯坚信孩子幼小时最需要与母亲进行肢体交流。海伦娜说:"产假时间虽短,但很重要。我重新工作后就会把孩子交给父亲来照顾,因为我家有个保姆丈夫嘛"。

"我和丈夫并未觉得8个孩子负担重,事实上比我们刚生第一个孩子时要轻松得多。那时我才25岁,而且我和丈夫都要边工作边照顾孩子。"

海伦娜既是一位职场女强人,又是一位好妻子。虽然工作繁忙,但她总是尽可能把时间挤出来留给家里。她以前回家会洗衣服,后来这份家务交到了丈夫手中,但她仍会尽量早回家准备晚饭。

"基金管理工作可以让我留出足够的时间给家庭,因为这份工作更需要主见和成绩,而不是工作时长。"她说。海伦娜认为自己工作时间灵活,因此才得以事业怀孕两不误。每次休产假,海伦娜都坚持在家中上班,通过个人电脑了解市场信息。

"每个家庭都需要找到各自的平衡点。"海伦娜感叹说。她承认,每一次生完孩子回到工作岗位时,都不是那么容易。"面前摆着两条路,工作和家庭,让我不得不问自己:我能兼顾吗?"

谁说女性不能兼顾事业和家庭?海伦娜就做到了。她的幸福来自于她能平衡好事业与家庭。的确,任何一个幸福的女人都明白,要想拥有幸福的生活,就必须同时做到:要孝顺父母;要勤俭持家;要做男人的贤内助;要教育好子女;要有自己的事业;要独立,不靠男人养活……归根结底的一句话,那就是——要家庭事业两不误!

那么,作为女人,我们该如何平衡生活中的方方面面呢?

1. 健康和美丽两不误

有健康的身体,才是赢得幸福的根本条件;保持清爽美丽的外貌,其重要性也是不言而喻的。真正的健康与美丽来自于心情的健康与快乐,女人平时要抽空维系友情,拥有几位志同道合的朋友,跟自己一起分享喜怒哀乐。这对于你的身心健康大有好处,也能让你的人生更加精彩。

2. 不仅要"上得厅堂",还要"下得厨房"

在中国的传统思想中,作为女人,就要"相夫教子"。的确,女人脱离不了家庭,但一个新时代的女人,不但要下得厨房,还一定要上得厅堂。女人一定要记住:现代的"贤惠",更应该与"聪明"、"独立"相伴。聪明一些,坦荡一点,做回真正的自己,这样才会过得更开心!

总之,一个女人要想真正得到幸福,就要权衡好生活中的方方面面,从现在起,如果你是个以家庭为重的女人,那么就不妨给自己放放假,把自己从厨房中解放出来,不妨把一天到晚围着家人转的时间分点出来打扮自己,让自己每天都保持青春和活力;找一份自己喜欢做的工作,让工作能力和事业节节攀升,有实力才有话语权;培养一种拿得出手的特长,别人才不会小看你!如果你是个女强人,也不要忘了你还有家庭,多关心你身边的亲人,你也会发现幸福其实并不难!

❀ 幸福受外因影响，却只会被内因而左右

幸福与爱情一样，总是女人们最老生常谈的话题。什么才是幸福？是拥有无尽的财富，是衣食无忧的生活，还是受人注目的地位，如果这些都不是，那么什么是幸福呢？看那嫦娥，她怀抱着幸福的梦想，吞下了长生不老丹，飞上九天，成了月中仙子，可独守着寒冷的广寒宫，她是否会感到做神仙的幸福呢；而渴望进入上流社会的马蒂尔德，在戴上项链做着幸福的美梦的同时，却没有想到这幸福是那样短暂，她为她的幸福付出了沉重的代价，再看中国深宫中的女人们，她们锦衣玉食，不在话下，但终日唉声叹气者数不胜数……诚然，女人是否幸福，与外在的条件有很大的关系，但它却只会被内因而左右。一个心中充满幸福感的女人，无论她处在什么样的生存条件下，她的生活中也处处充满阳光。

陈云在一家事业单位工作，在外人看来，她拥有一份好工作，有个好丈夫，有个可爱的孩子，认为她是个幸福的女人。可是，一直以来不知道为什么，她都是那样的闷闷不乐、郁郁寡欢。可是，经过一次事情之后，她心中的那些郁结都打开了。

那次，一个在深圳打工的姐妹为了能让她快乐起来，就邀请她去深圳玩一趟。千里跋涉，她坐了一天一夜的火车。在一个阳光灿烂的清晨，灰头土脸的陈云终于出现在来车站接她的好友面前。看到朋友衣着得体，容光焕发的样子，她更觉得自己的卑微。

和朋友见面后，朋友和陈云聊起了自己刚来深圳的那段日子。那年，她独自一人来到这人生地不熟的大城市，初来乍到的她，东奔西跑了好多天，但却找不到一份工作，眼看着带来的钱越来越少，她急得焦头烂额。这时，有个好心的人告诉她，某地有个叫张奶奶的老人，办了一个让外出人员临时

居住的地方,在那儿住一个晚上只要两元钱,很便宜!于是陈云的朋友找到了那里,住了下来。后来才在一个工厂找到一份工作。做了几个月,她觉得活儿重,又挣不了多少钱,就不想做了。后来,有个工友说:"你如果有那么三两万的,就去把当地人的出租房包下来,再租给外出打工的人,做个二房东。如果运气好的话,能挣一些钱的。"受此点拨,她心动了。于是,她从亲朋好友那儿借了一点,加上自己的一些私房钱,第一次包了一幢房子来管理。一年下来,除了开销还真挣到了两万多元钱。脚跟站稳后,她把下岗的哥哥和在家中务农的表姐表弟们都带出来了。

说着说着,朋友就带着陈云来到刚开始她住的地方。到了那个地方后,陈云看见一个弄堂,一扇大门大开着,简陋得有点零乱的房间里铺满了草席和被子。有几个妇女正席地而坐,在那儿边聊天边打着毛衣。聊到高兴处还哈哈大笑起来。陈云想,住在这种有点像《包身工》住的地方也笑得出来?真不明白她们是怎么想的。

陈云忍不住就问其中一个妇女:"你们出来打工,住这样的地方不觉得苦吗?"那个妇女听了这没头没脑的话,就上下把陈云打量了一下,才说:"我不感到有什么苦呀,比起那些成天躺在床上,连吃饭拉屎都要靠别人的人来说,不知要幸福多少倍!……怎么说呢?我们有力气,能干活。能吃能睡,能说能笑。多好!"经过交谈才知道,那个妇女来自贵州,先是在一家医院侍候一位瘫痪了的病人,不久前那位病人过世了,又正逢要过年了,找不到事做,她就住到这儿来了。而刚才她的几句朴实无华的话确实让陈云感动。

现在的陈云已经变得开朗、快乐多了。时过境迁,她经常会想起那个贵州妇女的话。

从以上的故事可以看出,一个女人的幸福和快乐与否,并不在于她生活的环境有多好,也不在于她的金钱有多少、学识有多高,而在于她的心境,心境好了,哪怕她一无所有,也会因为拥有清风明月而幸福而快乐。

那么,怎样才能让自己的内心幸福起来呢?

1. 丰富自己的内涵

智慧可以让女性的美更持久。姿容美丽的女人可以让人爱慕一时,但是有智慧、有内涵的女人才能让人爱慕一世。有智慧的女人知道自己的一生应该如何度过,应该怎么去获得自己想要的生活,她们会用耳朵认真倾听,用心细细体会,她们遇事考虑得全面而周到,有内涵的女人大多是独立的女人,而独立又是获得幸福的根本前提。

2. 无论何时都乐观向上

有位哲人说过:"假如上帝在你面前摆下了一座山,那么你绝不要在山脚下哭泣!翻过它就是了!"多么富有哲理的话呀!作为女人,我们要用希望的力量来武装自己,勇敢地去翻越挡在自己幸福面前的一座座山峰。所以,在生活中,无论遇到多么难办的事,我们都要保持积极乐观的心态,相信一切问题都会解决的。

可见,每个女人的一生都在寻找精神的家园。如果你有一个乐观积极的心态,无论你处于什么样的生活环境中,也不管你的人生旅途中遇到多大的挫折,自始至终你都应该保持一种平和的心态,拥有自己的幸福生活!

第 2 章

选择好关注的视角,决定女人幸福的旅程

可能有很多女人都会产生这样的疑问:什么才是我要的幸福,是拥有无尽的财富,是衣食无忧的生活,还是受人注目的地位,如果这些都不是,那么什么是幸福呢?幸福是属于你自己的,我们看待生活的态度与视角觉决定了我们的幸福指数,比如,你把关注点放在家人的健康、有衣穿、有食物吃上面,那么一家人能够每天聚在一起吃饭,你就会觉得幸福;如果你把关注点放在爱人赚的钱没有别人多,待遇没有别人好,孩子没有别人家的聪明,日子过得没别人过得滋润上面,那么你自然也就感受不到幸福。其实,幸福是简单的,越是简单的生活,越是幸福的;我们的需求越少,得到的自由就越多。总之,我们若想得到幸福,就要选好自己关注的视角,善于发现生活中那些简单的幸福,多一分舒畅,少一分焦虑;多一分真实,少一分虚假;多一分快乐,少一分悲苦,这就是简单生活所追求的终极目标!

❋ 关注的角度决定女人的幸福指数

古今中外,关于幸福人们有很多的理解:对一门心思敛财的葛朗台,拥有如山的金币大概就是他最大的幸福,但当他年老力衰、甚至生命垂危,他仍念念不忘他的金子时,这样的幸福是多么的可悲,当中国的封建学子们以"洞房花烛夜,金榜题名时"为人生的最大幸福,并且为之奋斗终生时,有多少人曾亲眼看到过像吴敬梓笔下的范进中举之后喜极而疯的场面,幸福就是如此吗?

那么,现实生活中的女人们,你眼里的幸福是什么呢? 旷世巨作《飘》的作者玛格丽特·米契尔说过:"直到你失去了名誉以后,你才会知道这玩意儿有多累赘,才会知道真正的自由是什么。"盛名之下,是一颗活得很累的心,因为它只是在为别人而活着。我们常羡慕那些名人的风光,却不能感同身受他们风光背后的困惑与疲惫。因此,幸福,它不是千金的财富,不是受人注目的地位,幸福是属于你自己的,我们看待生活的态度与视角决定了我们的幸福指数。

从前,有一对孪生姐妹,姐姐嫁给了一个有钱人,过上了锦衣玉食的生活,但她似乎并不快乐。妹妹则嫁给了一个豆腐作坊的穷人。有一天,闲来无事的姐姐想去看看妹妹过得怎么样。来到妹妹家,她看到妹妹正在辛勤劳作,但却还唱着歌儿。姐姐恻隐之心大发,说:"你这样辛苦,只能唱歌消烦,我愿意帮助你,让你们过上真正快乐的生活,谁让我们是姐妹呢?"说完,她取出了一大笔钱送给妹妹。

这天夜里,姐姐回到家后,躺在床上想:"妹妹不用再这么辛苦做豆腐了,她的歌声会更响亮的。"

第二天一早,姐姐又来到作坊,但却听不到妹妹的歌声了。她想,妹妹可能激动得一夜没睡好,今天要睡懒觉了。

但第二天、第三天,还是没有歌声,姐姐感到很奇怪。就在这时,妹妹拿着姐姐给自己的钱,着急地对姐姐说:"我正要去找你,还你的钱。"

姐姐问:"为什么?"

"没有这些钱时,我每天做豆腐卖,虽然辛苦,但心里却非常踏实。每天晚上,能和丈夫、孩子一起数今天赚了多少钱。而自从拿了这一大笔钱,我和丈夫反而不知如何是好了——我们还要做豆腐吗?不做豆腐,那我们的快乐在哪里呢?如果还做豆腐,我们就能养活自己,要这么多钱做什么呢?放在屋里,又怕它丢了;做大买卖,我们又没有那个能力和兴趣,所以还是还给你吧!"

姐姐非常不理解,但还是收回了钱。第二天,当她再次经过豆腐坊时,听到里边又传出了妹妹的歌声。这时,她似乎知道为什么妹妹过得比自己幸福了。

听完这个故事,也有些女人可能会有所感悟,的确,金钱、权利、地位都不是我们幸福的源泉,专注、体会身边的幸福生活,并不断感悟,我们的幸福指数才能不断上升。

可能一些女人还是不解,她们会说,钱多还不好么?没听说过钱多会咬手的。但事实是,"钱多"的确会"咬你的手",像明代的陆绍珩讲的那个"白髭老贵人",就是因为"钱多",所以思虑也多——又想多拥有钱,又担心别人谋算他的钱,所以竟连个踏实觉也睡不成。

那么,作为一个普通的女人,我们该怎样选择自己关注的角度,让自己更幸福呢?

1.对权力地位"冷"一点

德国精神治疗专家麦克·蒂兹说:"我们似乎创造了这样一个社会:人人都拼命地表现,期望获得成功,达不到这些标准心里便不痛快,便产生耻辱感。"细究我们苦恼的原因,更多的是由于在现代的"嗜欲场"上,"肝肠"

不是太"冷",而是太"热"——太热衷于金钱、财富、地位、名声这些所谓成功的标准。达不到,就苦恼。什么程度算达到,自己也搞不清,因此只有永远苦恼下去……而学会以淡泊之心看待权力地位,则是免遭厄运和痛苦的良方,也是超然于世外的智慧。对这类苦恼,要想摆脱它,就要把名利,把世俗眼中所谓的"成功"看淡一些,就像明代文学家屠隆讲的:"肝肠欲冷。"

2. 让自己成为一个有价值的人

爱因斯坦说:"不要努力成为一个成功者,要努力成为一个有价值的人。"英国作家王尔德说:"人真正的完美不在于他拥有什么,而在于他是什么。"新时代的女性,同样可以和男性一样,驰骋于职场,同样也可以为社会、为国家创造价值。比如,对于个人来说,过多的财富是没有多少用的,而为社会创造财富,并把多余的财富贡献给社会,就能体现他的价值了。

3. 不要太在乎外在

古人云:"女为悦己者容。"于是,女人都在追求外在美,但作为女人的你要明白,你是为自己而活,而不是为男人。每个人都有自己的路,女人也是一样。当今社会,女人早已摆脱了家庭的束缚,开始和男人一样驰骋职场。而且,不是漂亮的女人就是男人喜欢的。现在调查表明,男人更多的是喜欢内在美的女人,喜欢那些健康、快乐、自信、自立、聪明、有主见、有思想、有个性和充满活力的女人。这和年龄无关,现在的男人大多喜欢成熟的女性。因为她们成熟、沉稳、对生活有着独到的见解。每个年龄都有每个年龄段的风韵和光彩。

可见,如果你不想被芸芸众生所淹没,那就保持一颗区别于世俗的心。乐于淡泊,安于淡泊,并不是为了表明你拥有超凡脱俗的境界,而只是你自己一种固有生存方式的自然呈现。淡泊名利,你也就远离了苦恼,得到了快乐。

❁ 不要用别人的眼光去审视自己的幸福

任何一个人,都生活在一定的集体中,都或多或少有些朋友、同事、亲属等。于是,我们可能会不经意地用周围人的眼光来审视自己的生活。比如,别人觉得你的孩子很乖,那么,你就会觉得很自豪;而别人觉得你的丈夫配不上你,那么,你可能真的觉得是"下嫁"了……许多时候,女人们往往看不到自己的幸福,而是觉得,只有别人觉得自己是幸福的,才是真的幸福,而实际上,幸福是属于自己的,他人只能旁观,却不能真正感悟。按照别人的期望经营生活,很可能让自己离幸福越来越远。

莉莉是个都市白领,有着迷人的容貌、令人羡慕的工作,但已经到了适婚年龄的她也开始为自己的婚姻着急了,家里的长辈们也开始催促她。最近她也很苦恼,这天,她来到闺蜜那里诉苦,她说有个不错的男人喜欢她,是大学同学介绍的,对她很不错,每天下班后都在楼下等她,但这个男人刚工作没两年,家里又穷,近期也看不出什么发财的迹象。朋友对她说,这有什么苦恼的?有人爱总比没人爱强,实在怕看走了眼日后委屈了自己,就等等看,等出迹象再决定不迟。

过了一会儿,莉莉又迟迟艾艾地说,还有另一个候选人,他年岁稍大,但经济基础好,她有点犹豫。朋友奇怪了,这种事情犹豫就犹豫呗,又没人拿刀架你脖子上逼着你立刻作出决定。莉莉说不是这样的,是那个年纪大的男人暗示了自己,想赶紧结婚生孩子,她怕他不肯等。

接下来,朋友问:"那么你到底更爱谁一点呢?"

莉莉回答说:"其实,女人择偶如同买股票,谁也不想买一支垃圾股。你爱一个男人,但是你能保证爱他的未来吗,假如他的未来一团糟?爱并不能当饭吃。"然后,莉莉又说,她更喜欢第一个人,但一旦和这个人恋爱,恐怕要遭受到周围很多人异样的眼光,因为无论是周围的朋友还是亲人们,都认为以自己的条件,是完全可以找到更好的男人的。

于是,这位朋友弄明白了她的苦恼——她看不准这两个男人,谁的未来更好一点,同时,她更在乎的是周围人的眼光。

几个星期后,这位朋友就收到了莉莉的结婚请柬,而新郎则是那个年龄稍大的有经济基础的男人。

这个故事中,我们不能嘲笑莉莉势利,女人嘛,谁不想嫁得好一点?但幸福是自己的,我们不必太过于在意周围人的眼光。这就如同人们常说的:"如人饮水,冷暖自知。"我们不能把自己的意识形态强加于别人,当然也不会轻易接受别人的思维。

那么,作为女人,我们该如何用自己的眼光审视自己的幸福呢?

1. 珍惜生活中的不完美

所谓珍惜并不是要去珍惜最好的。珍惜的真谛恰恰在于敝帚自珍。正因为不够完美,所以才需要我们去珍惜。唯有珍惜,才能使寻常的日子,寻常的人,寻常的感情历久弥新,变得珍贵起来。

2. 走自己的路,让别人说去吧

生活总是因人而异的,不同的人对于同一件事情的,看法总是不同的。"家家有本难念的经",正是这个事实的显现,同时,其他任何人不可能参与到你的生活中来,因此,我们大可以告诉自己:"走自己的路,让别人说去吧。"

3. 学会享受现在的生活

钱钟书先生在《围城》里对人的本性、欲望的评论有过精彩的论述:"围在城里的人想出来,城外的人想冲进去,对婚姻也罢,职业也罢,人生的愿望大都如此!"当你得到一样,就总想得到另外一样。但你想过没有,如果你处于城中,为何不好好享受城中的生活呢?其实,冲进去或是走出来,也不过是一种自己的思想认识,里或外的区别不过是自己的心给出的答案。

总之，请不要用别人的眼光去审视自己的幸福，幸福是属于你自己的，任何人都有话语权，但却没有决策权。新时代的女人，都应该有一颗独立自主的心，都应该更明智地选择自己的生活，更加理智地去看待身边的人或事情，从而让我们的生活更加和谐，更加美好！

❋ 远离"比较"视角，关注真实的自己

有一句话叫"人比人气死人"，而女人天生是爱比较的。似乎随时随地，女人都能找到与别人比较的内容。比如，买衣服时，同伴之间会比谁买的衣服贵；走在街上比的是谁的回头率高；恋爱时，比的是谁的恋人帅；等到结婚成家了，比的就是老公和孩子；没买房子，会比谁第一个买房；买了房子，会比谁的房子大；没钱的时候，会比谁有钱；有钱的时候，会比谁的钱多……在很多女人的嘴上，总是挂着两句话，第一句是："你看看人家×××的老公"；第二句是："你看看人家×××的孩子"；她们最喜欢使用的激励方式不是告诉丈夫"你真棒"，而是"我嫁给你算是瞎了眼了"！似乎她们永远看不到自己生活的美好，看不到丈夫的细心，看不到孩子的可爱，看不到一切好的方面……她们往往看不到自己的幸福，而感觉别人的幸福很耀眼，想不到别人的幸福也许不适合自己，更想不到别人的幸福也许正是自己的坟墓。

张岚今年三十五岁了，和丈夫的婚姻也已经到了七年之痒的时候。这年，命运给她安排了一场突如其来的灾难，她后来常常想，如果没有这场灾难，也许她和丈夫早已劳燕分飞，因为她和丈夫已经没有任何在一起的理由——丈夫马上要出国，可以拿到几倍的薪水，而自己也可以像时尚杂志中的单身贵妇一样再寻寻觅觅，找一个配得上自己身份和收入的男人。但命运不是这样安排的：

在丈夫即将出国前，她发现，她身边的任何一个女性朋友，无不是住着

豪华别墅,她们的丈夫或者情人也无不是行业内的精英或者大老板,而自己的丈夫只不过是个技术人员,他的收入只能让自己过着衣食无忧的日子,而这样的日子她已经受够了,同是名牌大学毕业,为什么自己和姐妹们的命运如此不同?

于是,她和丈夫不断争吵,但正如人们说的,"家和万事兴",不兴,则祸事而至。一天,她在上班的路上出了车祸,但她从医院醒来时,她发现身边的那个男人已经泣不成声,那一刻,她发现了这个男人的好,她想起了她们恋爱的那些日子。

那时候,她是个害羞、胆小的姑娘,因为担心自己不够优秀,所以不敢去爱优秀的男孩子;因为害怕将来失去,所以索性现在拒绝;但真的拒绝了,又怅然若失。直到有一天,她恍然大悟——她遇到一个男人,他们共同收养了一只流浪狗,后来她们相爱了。她问他:"如果有比我更好的女孩子喜欢你……",他说:"如果有比你的流浪狗更可爱的小狗……",她说:"我不会的,这小狗跟了我那么长时间,我们有感情了。"他说:"哦,原来你懂得感情。我还以为你不懂呢。"于是,很快,尽管遭到了很多人的反对,但他们还是结婚了。

直到那一刻,付出沉重的不能再沉重的代价,张岚才知道真爱是不可以算计的,因为人算不如天算——如果一个人爱你,他必须爱你的生命,必须肯与你患难与共,必须在你危难的时候留在你的身边而不是转过脸去,否则,那就不叫爱,那叫"醒时同交欢,醉后各分散",虽然时尚,虽然轻快,但是没什么价值。

这场车祸后,张岚在丈夫的照料下,很快康复了,他们之间的婚姻也"康复"了。

这个故事中,我们看到了一个结婚女人的心路历程。她应该感谢这场车祸,让她看到了自己的幸福,抛开了那些世俗的想法。

现实生活中,可能有很多女人曾有过张岚这样的经历,她们攀比后的结论就是,所有的问题来自于丈夫,如果丈夫能帅点,能多赚点钱,能……好好的一天,好好的心情,好好的一家人,往往因为问题女人的这些抱怨眨眼间风云突变——最初"离婚"只是对男人的"口头警告",慢慢地男人想"离婚就离婚谁怕谁",于是女人就开始歇斯底里,于是,免不了一场争吵,男人对女人的"爱"和"怜惜"已经荡然无存。这样的生活还幸福吗?当然不,那这种不幸福是谁造成的呢,是这些女人自己!

的确,我们周围的世界总是在发生着变化,和外在行为的动静相比,内心的动静才是根本,精神才是人类生活的本原。不与人搞攀比,这样内心才能宁静而不浮躁,要随遇而安,适可而止,知足常乐。

那么,我们怎样才能远离"比较"的视角,关注自己的幸福呢?

1. 保持心灵的纯净,不以物喜不以己悲

有一句名言:"如果心不造作,就是自然喜悦,这就好像水如果不加搅动,本性是透明清澈的。"因此,不管周围的人动静如何,只要你的心是纯净的,那你就能接受幸福,接受快乐,淡化痛苦。如果你能够保持心的开放,面对一切事,在你一生追求爱和智能的过程中,痛苦便可以变成你最大的盟友。

2. 自我调节

生活中存在着各种各样的压力,有些压力虽然看不到,摸不着,但却真实地存在于女性的周围。如何在家庭责任、工作及人际关系的压力中做个"走钢丝的能手",在家庭和事业间掌控平衡、在职场自在地游弋,是现代女性的必修课,也是女性自信的支点。面对来自各方面的压力,女人一定要懂得自我调节。比如,当遇到不如意的事情时,可以通过运动、读小说、听音乐、看电影、看电视、找朋友倾诉等方式来宣泄自己不愉快的情绪,也可以找适当的场合大声喊叫或者痛哭一场。

3. 多沟通,释放内心

你的丈夫、你的同事都应该是你倾诉与沟通的对象,无论你的心中有多少郁结,通过沟通,都能得到有效排解。而这,也是让你远离那些世俗比较的最好方法。有时候,你会发现,你内心的比较完全是多余的,因为你同样拥有对方所没有的"骄傲之处"。

的确,每个女人都应该有一颗沉稳宁静而广博透明的心灵,用它来覆盖生命的每一个清晨和夜晚。从此,她不再因外界的"风声"而瑟瑟发抖,她会因为好心情而美丽动人,她的生活也会因此而健康美丽。

❋ 为什么人都需要一双发现美的眼睛

罗丹说:"这个世界不是缺少美,而是缺少发现。"我们拥有一个共同的世界,却又拥有不同的世界观,拥有对这个世界不同的认识、不同的理解和不同的看法。每个人都有一双眼睛,用以分辨事物,这是自然的造化。每个人还有一双眼睛,它不是长在脸上,而是长在心中,那就是心智的眼睛。心智的眼睛比自然造化的那双眼睛更为重要,因为它还能告诉我们:如何看自己、如何看世界,它是一双"发现美的眼睛"。

同样,作为新时代的女性,也要带着一双能够发现美的眼睛去看世界,这样,你看到的就不再是黑暗,不再是痛苦,而是幸福和快乐!

陈萍是一名大学讲师,和很多知识分子一样,她有着幸福的家庭,丈夫也是机关单位的工作人员。她生在上海,长在上海,但她却似乎对上海有着与生俱来的憎恶。她一直只顾着怜惜自己的心情,因而不断地发泄着对上海的不满;一心想着走出这个地方,领会别处的山清水秀,悦览漂离于世俗的恬然宁静;不去关注这个城市,不去关注藏匿其中的校园。

这天,她和丈夫因为生活上的一件小事吵架了,闷闷不乐的她来到办公室,她并没有和往常一样打开电脑,而是站在窗前,这时候,她恍然觉得自己已把自己游离于校园之外了。她不得不去注意宿舍楼前操场上打球男生的飒爽身影,不得不想到清晨河畔上的水雾缭绕,不得不去注意那比高架还高的壮观正门,不得不想起自己站过的讲台……不知道这里有多少株千年古树,不知道这里有多少种名贵花草,不知道横立在河上有几座桥,不知道两座食堂相距有多远……骤然间,她突然觉得,就连桂花香四溢的时节,也没有嗅出这所校园所表达的善意和问候。一回眸,一投足,一转身,也是奢侈。也许,置身其中,浑然不觉。不珍惜这美丽,就像当初不珍惜父母亲的无微不至;不珍惜这美丽,就像不珍惜曾经好友间的现在想来恍如隔世的点点滴滴。

晚上,当她疲倦地从办公室回家的时候,她第一次认认真真地感悟了一番夜间的上海。的确,那就像贵妇人,雍容不失典雅,华贵兼顾端庄,成熟而有风韵,大方不带含蓄。于是,她恍然想起那句话——我们的身边并不缺少美,而是缺少发现美的眼睛。也许,比发现美的眼睛更需要的,是发现美的心灵。自打那以后,陈萍觉得自己爱上了上海,更爱上了周围的一切。

故事中的陈萍因为一次偶然的机会,她看到了周围生活环境的美,于是,她的心境改变了,她也就快乐多了。

而在现实生活中,总是有一些女人,她们抱怨生活太累,抱怨社会黑暗,抱怨人际关系复杂,其实这种想法是过于偏激了。在社会中,还是存在许多的美,只是因为不去发现,而是一味地通过表面就下结论。

一天,美和丑相约一起去海边游泳,美穿的是美丽的外衣,而丑穿的则是丑陋的外衣。两人游完泳后,丑先上岸,随便拾起一件外衣就穿上了,随后美也上岸穿上了外衣,两人就回家了。回到家才发现衣服穿错了,此时丑发现自己很美,而美发现自己很丑。这个故事是要说明,美和丑有时只需要一件外衣就可以改变,关键是自己有没有发现。

生活就是如此。女人们,你可能遇到过这样的事:当一个满脸乌黑,一脸疤痕的女孩走到你的身边,你第一反应就是怎么有这么丑的人,其实当你细心打量你会发现,她的笑容很灿烂,当你和她相处一段时间,你又会发现她有颗善良的心。当你走在一块荒芜的田地里,田里堆满了垃圾,臭气熏天,你会很扫兴地想尽快离开这里。但当你停下焦急的脚步,你会发现旁边有郁郁葱葱的小草正在茁壮生长,还有含苞待放的花朵迎着阳光格外娇艳欲滴。这些美就存在于丑陋中间,关键要靠我们的眼睛去发现,善于从丑陋的背后去发现美丽。

那么,我们该怎样发现美呢?

1. 懂得换位看世界

其实,美丽与丑陋有时就是一步之遥,美丽中有丑陋,丑陋中有美丽。作为女人,我们要善于去发现,当我们用眼睛去细心品位丑陋中的美丽时,你会发现这也是一种幸福,从身边去发现那些被人们摒弃的丑陋,把那美丽的一面带到自己的心灵世界,让自己的心灵在美丽中得到净化。

2. 相信生活中"美丽的意外"

生活中的意外是我们无法预料的,不幸的意外、美丽的意外、悲痛的意外、可笑的意外……它们与生活并存。当你遭遇不幸的意外时,或多或少,你会以消极的心态伤感生活的不尽如人意。更有可能看破尘世,无法自控情绪,对生活失去信心。但你需要明白,无论前一秒发生了什么,无论前一秒发生的事多么惊人、多么可怕、多么震撼人心,毕竟,那都已成为过去,成为回忆。生活仍在继续,时间不会为我们而逗留。因而,当你学会面对这突如其来的意外时,或许你已经成功了一半。那么,只有在勇敢面对的基础上运用智慧与随机应变,生活中不美好的意外才不会将你瞬间击垮。

可有些女人会认为,在美丽的意外过后,就会是灾难的接踵而至,甚至认为美丽的意外无异于是暴风雨的前兆。因此,她们不愿意,也不敢去尽情享受生活带来的美好,而是终日保持警惕,随时备战。也许,抛弃享受美好的时间,她们的一生能成就许多事,但是,她们也因此失去了享受生活的快乐，失去了享受轻松自在时刻的能力，一辈子活在战斗里。

俗话说，眼睛是心灵的窗户，让我们用心去发现生活中的点滴美丽以及那些被遗忘的美丽吧。

❄ 是该关注"眼前"，还是该着眼于"未来"

任何一个女人，都希望自己过得好，都希望幸福，这是一种合理的愿望。当然，欲望不能无限扩张，也要适可而止。台湾女作家吴淡如在她的书中写过这样一段文字："活得好，不能只活给别人看，而要活给自己看，自己才是真正的裁判。有时候太想做到一百分，即使做到了一百分，也还想超过一百分。对自己的要求永无止境，是形成巨大压力的来源，所以不幸福的'病根'正是我们自己种下的啊。"真正的幸福在当下，需要我们把握，"未来"固然美好，但我们更应该关注"眼前"，因为任何幸福的"未来"，也都是从"眼前"开始的。

古罗马帝国的伟大哲学家阿流士说："思想决定生活。"确实，倘若我们每天都快乐，整天想的都是开心的事，我们自然就得到了快乐；反之，要是整天想悲伤的事情，我们就感到悲伤；要是想恐怖的事情，我们的内心就会充满恐惧；要是整天想邪恶的事情，就会导致心神不宁；害怕失败，失败就来了；孤芳自赏，朋友就远了。但实际上，那些所谓的恐怖、所谓的悲伤，都不是当下我们要着眼的问题。也就是说，我们要关注自身的种种，但不能停留在忧虑上。作为一个女人，我们固然不能安于现状、不思进取，但我们的幸福感还是要取决于眼前。

张太太自从生产完之后，似乎就和周围的姐妹们隔绝了，她不再和她们一起逛街买衣服，不再精挑细选化妆品，也不会和大家一起出来喝下午茶。难道张太太是一门心思扑在了孩子身上？抱着这样的疑问，这天，姐妹们提着礼物,来到张太太家一探究竟。

姐妹们的到来,让张太太吃了一惊,但很快,大家就聊开了。

"你坐月子以后,怎么就不找我们了?"其中一个姐妹问。

"我也想啊,但找你们,我们在一起,不是买衣服,就是买化妆品,要么,就是吃饭,这都得花钱啊。"张太太难为情地说。

"花钱怎么了,你以前还总跟我们抢着付账呢?"

"现在和以前不一样了啊,这个孩子出世以后,我就想,现在他的开销就已经不小了,他还得读书,以后还得读大学,吃穿用度等,再往后看,还得给他买房子、结婚等,这些问题都一个个接着来啊,要花很多钱。"

"天哪,你是不是患了什么焦虑症啊,哪有那么多问题让你想,那些都是几年、十几年之后的事,你要关注的是现在,你带好孩子,该吃的还得吃,该买的还得买,不能为了孩子,把自己饿死、冻死吧,明天的问题明天想,我们女人的青春也就那么几年,要是都在为这些琐事焦虑,那不得累死。"

"你说的也是……"

听完张太太内心的想法,可能我们会觉得可笑,她的焦虑情绪太严重了,所以她不快乐。诚然,她提到的这些问题都存在,但那都不是今天的问题,如果太过把关注点放到这些未来的问题上,我们可能就会丧失今天的很多快乐。

那么,作为一个女人,我们该怎么做到关注"眼前"呢?

1. 做今天想做的事

女人应当懂得自己才是生活的主人,为自己而活,以自己的本色活着就是对生命的最大尊重。当你说了你想说的,做了你想做的以后,你会觉得一切都是那么美好,你的人生也不会留下任何遗憾。为自己争取更好的生活,需要保持一种健康、乐观的心态,拥有一颗热爱生活的心。活得好,不是为了给周围的人看,而是为了满足自己内心的渴望。

2.做好今天的事

任何人的未来,都是由他的现在决定的。作为女人,与其幻想、焦虑的事,倒不如做好今天的事,充实现在。这样,在我们获得这种充实的快乐的同时,还为美好的未来奠定了基础。

3.用心体会现在的幸福

举个很简单的例子,当你经过繁华的都市中心,遇到交通堵塞,你是不是心情也很烦躁呢?但你如果能转移下目光,去欣赏一下周围高耸入云的建筑或者细心观察周围的人群,你会发现很多美好的事物;再比如,当你回到家中,发现冷锅冷灶,丈夫坐在沙发上看报纸,孩子在打游戏,你是不是心中怒火顿生?但你发现没?今天你的孩子似乎又长高了一点,丈夫也准时回家了,这也是一种幸福。

总之,女人们,如果你为每天的工作忙得焦头烂额觉得人生毫无乐趣,如果你感觉自己因为没钱总是缺少那么一点点幸福,如果你正在为那些虚无缥缈的明天殚精竭虑,请记住,我们要着眼"眼前",因为幸福是对当下的体验!

❈ 对焦"细节点",体会细腻的幸福

谈到幸福,很多女人可能会问:"什么是幸福,到底怎样才能获得幸福呢?"每个人都有自己的生活,也许100个人就会有100种理解,也会得到100种不同的答案。幸福其实很简单,只要你细心一点,你就会发现。

生活中,很多女人活得太累,她们总是认为自己生活乏味、不幸福,不是因为他们前行的路上没有风景,而是她们只记得所要达到的目标,而忘了沿途欣赏。生活中,我们越努力地计较得失,就越容易在中途失去力气,为无果而沮丧;如果我们能让心情愉悦,并放慢脚步,对焦"细节点",反而能收获

一路的风景。人生的路很长很长,要相信幸福一直在路上,只等一颗宁静和细致的心去发现。

杨欣有着众多女性羡慕的生活,她自己经营着一家皮具公司,有自己的品牌,生意红红火火,而她的老公,因为生意上的失利,最终赋闲在家,当上了全职"煮夫",每天接孩子、做饭、洗衣服。但杨欣心里是不乐意的,因为在外人看来,她的丈夫很没出息。于是,经常一回到家,她不管遇到什么不开心的事儿,都会朝老公发火,幸好,她的老公是个好脾气的男人,从来不跟她计较。时间一长,她觉得,自己赚钱养家,老公似乎就该忍受自己的坏脾气。但经过一件事之后,她才发现,原来自己一直以来,都是身在福中不知福。

这天,她正在办公室看资料,看到不明白的地方,她打电话给秘书小吴,但电话却占线。于是,她走到小吴的办公室,原来,小吴和家人在通电话,好奇心驱使她继续听下去,她隐约听到小吴说:"我知道了,你说晚上要吃红烧鱼,家里要来客人?你放心,我一会儿下班就去买菜。你说,女儿还是我接?那行吧,我买完菜去学校门口等女儿……"

小吴终于挂了电话,杨欣在门外叹了一声:"真辛苦的女人!"凑巧,小吴看到了站在门外的杨欣,于是,她赶紧说:"董事长,不好意思,家里有点事,刚占用了点工作时间。"

"没事的。我看你,每天得工作,还得照顾家庭,这不是很累吗?"

"是啊,我真的羡慕董事长您,每天回到家里,您爱人都能理解您,自己做家务,其实,有时候人们常说,应该男主外,女主内,其实我看,任何一种模式都可以有幸福的生活。我虽然累点,但是每天下班就能看到丈夫在家,看到父母健健康康的,也就不累了。"

是啊?自己怎么没看到这些幸福呢?

这天下班后,杨欣回到家,听到丈夫说:"回来了?赶紧来洗手,马上开饭。"看到系着围裙在厨房做饭的老公,杨欣第一次发现,原来自己这么幸福,她忍不住走到老公身边,从后面抱住老公,对他说:"亲爱的,辛苦了。"听到妻子这么说,丈夫也会心地笑了。

的确,从这个温馨的瞬间,我们发现,要找到幸福,关键不在于发生的事情,而在于你我发现幸福的能力。世界上不缺乏美,而是缺乏发现美的眼睛。同样的,世界上其实不缺乏幸福,而是缺乏感受幸福的能力。感受幸福是一种能力。幸福就是下雨时送上的一把伞;幸福就是饥饿时的一块面包;幸福就是寒冷时的一件棉衣、一团火;幸福就是有人关心,有人疼爱;幸福就是在无聊的时候可以有事情做;幸福就是奋斗;幸福就是付出;幸福就是成功的喜悦;幸福就是快乐。幸福永远在路上。

那么,我们应该如何在平淡的生活中体会细腻的幸福呢?

1. 为生活中的"小幸福"而欢呼

当清晨醒来,有晨曦斜照,小鸟鸣啾,你可以不必为上班而匆忙,能慵懒地靠在床头小憩的时候,你能感觉到幸福;在一些安静的午后,你可以拿起一本书,靠在宽大、舒适的藤椅上,浴着温暖的阳光静静地阅读,你能感觉到幸福;在一场缥缈的秋雨之后,你站在宽大的窗前,呼吸着窗外清新的空气,看着晶莹的雨珠从树枝上滑落,雨洗后的草坪愈加葱郁和青翠,孩子们快乐地在上面嬉戏、打闹的时候,你也能感觉到生活的惬意与美好。幸福常常是如此简单,简单到一句话,一首诗,一个清晨,一个问候,一个场景,简单到我们日常生活中的点点滴滴,都无不蕴藏着幸福。我们要为每一次日出和草木无声的生长而欣喜不已;我们要重新向自己喜爱的人们敞开心扉;我们要热情地置身于家人、朋友之中,彼此关心,分享喜悦。

2. 学会享受生活

生活是实实在在的锅碗瓢盆交响曲,那是爱的旋律,女人在这里充分实现了自我的价值。漫漫人生路,一个女人事业家庭一肩担,有时会走得很累、很倦。所以我们要做个聪明的女人,一个会生活的的女人,要在世事的牵累、终日的忙碌中,偷出空闲,修饰自己、滋养自己,用自己淡然的心境去呵护自己,永远呈现出清晨阳光般的笑容,不断丰富自己,让自己开心。女人啊!多爱自己一点吧!做个大大的小女人,能干、能学、会生活。

总之,我们若想得到幸福,就要学会发现那些细腻的幸福,就要学会享受简单的快乐。生活越简单,幸福快乐越多;需求的越少,得到的自由就越多。多一分舒畅,少一分焦虑;多一分真实,少一分虚假;多一分快乐,少一分悲苦,这就是简单生活所追求的终极目标!

❋ 对焦"宏观处",感受博大的幸福

关于幸福,每个人对幸福的理解不同,对幸福的要求也不同。幸福是一种抽象的东西,既是细腻的,又是博大的:幸福有时其实像陈年的老酒,是需要人来慢慢品味的。当你关掉电视、电脑、手机,一个人静静地坐在阳台上看着窗外,回想着这些年所走过的往昔,涌上心头的一幕幕,虽说有欢喜让你尝尽了喜悦的滋味、有悲伤让你至今心痛,有"新松恨不高千尺"的惋惜,有"对此不抛眼泪也无由"的哀叹,但这都是一种幸福。作为一个女人,可能你对自己的生活、工作、家庭都很满意,就会感到幸福;你拥有了你最心爱的东西,你就会感到幸福……这些幸福都是细腻的。那什么样的幸福是博大的呢?杜甫诗云:"安得广厦千万间,大庇天下寒士俱欢颜。"这就是杜甫认为的幸福。"安能摧眉折腰事权贵,使我不得开心颜。"自由自在的幸福是李白的人生写照。司马迁用"人固有一死,或重于泰山,或轻于鸿毛"诠释着自己对幸福的理解,而登上岳阳楼的范仲淹面对滚滚的江水,吟诵着"先天下之忧而忧,后天下之乐而乐",以此为幸福。有时候,当你做了一件助人为乐的事,当你为社会、国家作出了某些贡献,你是不是也会有一种幸福感涌上心头呢?

"七八十岁的老太太了,还这么奋不顾身去救人,真是难得呀!"这是发生在广东的一件真实的事情:一个七十几岁的老太太勇救溺水小孩的事迹,早已被当地的人们传得沸沸扬扬,人们提起这事,都纷纷竖起大拇指,对老太太的义举赞叹不已。

事情的经过是这样的:

当天,有三个男孩到附近村子里游泳,不久,就听到有人大声呼叫:"救命……救救我!"人们循声望去,原来有一个小男孩正被水冲往下游,小男孩已经支持不住了,正在大声呼救。此时,正在离河边约50米处河畔除草的老太太闻讯后,立即冲向河边,边走边大声叫喊船家快撑竹排去救人。但船家年老体弱有心无力。眼看溺水的小男孩被急流越冲越远,老太太情急之下,接过竹篙,奋力划出百余米,来到溺水的小男孩身边,早已筋疲力尽的小男孩一把抓住了竹排的边沿,终于得救了。

事后,当人们问起老太太面对激流是怎么有勇气做到的?老太太说:"我虽然年纪大了,但还常干些锄地种菜之类的农活,因此身体还非常硬朗。几十年来,我一个人生活,周围的乡亲们也帮助了我很多,我也该回报大家啊!"

一个七十几岁的老太太,纵使有生命危险,还是义无反顾地去救落水儿童,这让我们除了敬佩之外,还能感受到一种助人为乐的"大幸福"。自古以来,人们似乎有种定论,"保家卫国"与"回报社会"都是男人的责任与义务,女人全部的世界就应该是家庭,但随着时代的进步,女人同样可以和男人一样参军、参政,同样可以带领众人完成艰难的任务,女人的能力早已得到了世人的认可,女人也可以和男人一样,除了享受家庭带来的小幸福外,也可以对焦宏观处,感受那种博大的幸福。

那么,作为女人,我们该怎样做,才能感受到这种博大的幸福呢?

到底什么才是真正的幸福?我们感叹古人对幸福的深刻理解,我们也应该渐渐得出自己要的幸福究竟是什么样的。它不是千金的财富,不是受人瞩目的地位,而是为人,为别人着想的奉献,是付出,这就是博大的幸福!然而,奉献并不是嘴上说说而已,需要我们每个女人把它带到实际中:工作中,不要与同事斤斤计较,工作多做一点也无妨;生活中,乐于助人,你同样也会得到相同的快乐;关心国家大事,不要总认为"事不关己,高高挂起"……

第 3 章

阳光调养女人心，积极的心态是得到幸福的永恒公式

自古以来，无论是从生理上还是心理上，女性一度被认为是弱者，是男性保护的对象，这也就导致了中国几千年男尊女卑的社会状况，究其原因，这与女性对自身的定位有关系。现今社会，男人和女人在地位上是平等的，很大一部分女性也希望和男性一样获得成功，但却经不起成功路上的压力、磨难等。要知道，每一个成功者无不是心态的主人。不管我们做什么，首先应该学会保持良好的心态。心态对于一个人的生活是幸福还是不幸，是快乐还是忧伤，是成功还是失败具有很重要的作用。一个女人，要想得到幸福，就必须要懂得调整自己的心态，因为积极心态是得到幸福的永恒公式！

❋ 唯有积极的心态，才能得到幸福的结果

生活中，我们经常听到有些人说，经常有人说"点头微笑，低头数钞票"、"和气生财"、"家和万事兴"之类的经验真谛，这些都充分说明了一个因果联系：只有时时保持一种积极的人生态度才有获取成功的希望。同样，作为女人，我们只有在心里编辑出一道积极的心理公式，才能得出幸福的结果。因为任何人的一生，都需要他用心来描绘，无论自己处于多么严酷的境遇之中，心头都不应为悲观的思想所萦绕，应该让自己的心灵变得通达乐观。罗根·史密斯说过这样一段言简意赅的话，他说："人生应该有两个目标，第一是，得到自己所想的东西；第二是，充分享受它。只有智者才能做到第二步。"要是你想知道怎样将在厨房水池边洗碗，变成一次难得的人生经历，那么请你读一读波姬·戴尔的《我希望能看见》：

这个女人几乎失明了50年，她在书中说道："我只有一只满是疮疤的眼睛，只能靠眼睛左边的小洞来观察世界。我看书的时候，必须把书贴近脸，然后努力把眼睛往左边斜。"就是这样一个可怜的人，拒绝了别人的怜悯，她不要别人以为自己跟别人有什么不同。她小时候渴望跟其他孩子一样玩"跳房子"，但由于看不见地上的线，不得不在她们回家后趴在地上，将眼睛贴到线上看来看去，牢牢记住玩的地方。不久之后，她竟成了玩"跳房子"的高手。

读书的时候，她把大字印的书紧紧贴在自己脸上，不管眉毛碰到书了没有——就是她，得到了常人所不能得到的两个学位：明尼苏达州州立大学学士学位和哥伦比亚大学硕士学位。在明尼苏达州双谷的一个小村子里时，她就开始了自己的教书生涯，通过不断的努力，她成为南达科他州奥格塔那学院新闻学和文学教授。她在那里教书13年，工作之余还在一些妇女俱乐部

发表演说,还到一家电台主持读书节目。她写道:"我脑海深处,常常怀着完全失明的恐惧。为了打消这种恐惧,我采取了一种快活而近乎游戏的生活态度。"奇迹总会发生的,1943 年,在她 52 岁的时候,通过手术,她的视力提高了 40 倍。

当一个全新的世界呈现在她的面前,她发现这个世界是么么的可爱,那么令人兴奋,哪怕让自己永远在厨房水池前洗碟子,只要能看到这个世界,她也是开心的。她继续写道:"我会玩洗碗盆里的肥皂泡。伸手进去,抓起一把泡泡,迎着光举起来,每个肥皂泡泡里,我都能看见小小的彩虹散发出灿烂的色彩。"

这个失明了将近50 年的女人的故事告诉我们,要想得到快乐,请记住:"每天一早想想你得意的事情,不要将注意力集中在烦恼上。"她的世界为什么会出现奇迹?她的视力为什么能提高 40 倍?因为她始终积极地看待世界,看待只有一丝丝光明的世界,哪怕只有一点点光明,也照亮了她的心灵,因此,她得到了自己所希望得到的幸福结果。

积极是生活的一味良药,伤心的时候乐观一点儿,孤独的时候去寻找快乐,热情而积极地拥抱生活,幸福就会像天使一般无声地降临到你的身边。

那么,我们该怎样做才能让积极的心理公式演算出幸福的结果呢?

1. 有点阿 Q 精神

人生在世,首先要学会心理调节,这是人生成败的关键。一个人若是在取与舍等人生理论方面迷惑不解,那就必须得借助自己的理智去发现、去解决。比如,稍微有一些阿 Q 精神,可以让我们更好地满足于自我安慰的需要。相反,如果一个人的心态调整不好,那么幸福的人生也会离得很遥远。

2. 相信自己能得到幸福

相信自己能够成功,往往自己就能成功,这是人的心理在起作用。同样,一个女人要想获得幸福也是如此。一个女人总想着幸福,就会幸福;总想着不幸,就会不幸。人们常说的心想事成,就是这个道理。

传说,有个勤奋好学的女裁缝,一天她去给法官缝补法袍。她不但缝补得很认真仔细,还对法官穿的法袍进行了更改。有人问她其中的原因,她解释说:"我要让这件袍子经久耐用,直到我自己作为法官穿上这件袍子。"心想事成,这个女裁缝后来果真成了一名法官,穿上了这件袍子。

人的心灵有两个主要部分,那就是意识和潜意识。当意识做决定时,潜意识则做好了所有的准备。换句话说,意识决定了"做什么",而潜意识便将"如何做"整理出来。意识就好像冰山浮出水平线上的一角,而潜意识就是埋藏在水平线下面很大很深的部分。

所以说,一个人期望的多,获得的也多;期望的少,获得的也少。作为女人,如果她有一个乐观积极的心态,那不管她的人生有多大的挫折,自始至终她都能保持一种平和的心态,她就会过上幸福的生活。

❋ 别让悲观情绪奴役自己,幸福与乐观同行

有人曾把女人粗略地划为两种类型:神采奕奕型和沮丧忧烦型。神采奕奕的女人生活得幸福而自信,脸上总是挂满笑容,让周围的人感到她的温暖,时常给人鼓励和信心,让人充满激情和斗志;而沮丧忧烦型的女人常常自怨自艾,眉宇间总是有些忧愁,心间总是挂满自卑和失落,让接触到的人莫明地滑入到消极和伤感的深渊……其实也就是划为乐观女人和悲观女人两种类型。乐观的人像太阳,照到那里那里亮;消极的人像月亮,初一十五不一样。因此,乐观的女人让人快乐而自信;消极的女人让人低沉而忧伤……试问你更愿意做哪一种女人? 当然是前者了。

乐观的女人永远都自信而漂亮,看待事情总是能看到积极的一面,凡事都往好处想,时常保持着好心情,灿烂的笑容常会挂在脸上,神采永远飞扬……乐观的女人总能发现和欣赏生活中的美,她们能抓住幸福和快乐的

瞬间……她们永远活力而年轻。而悲观的女人因为忧烦而愁眉不展,因为沮丧而看不到希望,她们的心境孤独而凄凉,自卑而没落,在她们眼里没有美好的东西,常常用怀疑的眼光看待一切……郁郁寡欢的她们怎么可能活出自信和幸福?你更愿意做哪一种女人?当然是前者。

因此,新时代的女性们,你经常抱怨生活的坎坷、抱怨命运的不公、抱怨幸福生活在哪里吗?其实,幸福就在你的手中,只要你赶走那些悲观情绪,幸福就会常伴你左右!

杨林在单位里是别人眼中最"幸福"的女人。她的幸福,并不是因为她漂亮、物质生活充足,而是她脸上永远舒心的笑容。刚结婚那年,在她身上就发生了一件不幸的事——因为出车祸,给她的腿部烙下了残疾。但任何一个同事坐在她的身边,就会有一种非常舒服的感觉,因为人们会被她的那种温和、乐观的情绪所感染。

残疾对于一个女人来说已经非常不幸了,两个人所组成的家庭里有一部分不完整了,生活中的风风雨雨就可能会"乘虚而入",但是杨林的家却是幸福和温馨的。她和丈夫之间的感情很好,他们的生活非常快乐。而这一切,都是因为她的心态是平和的,她的人格是独立的。她从来不把自己看做是一个残疾人而给丈夫增添更多的心理压力。当丈夫处于事业上的瓶颈期时,她用自己乐观的态度鼓励丈夫重整旗鼓,因而她便获得了丈夫的主动关怀和爱护,这比自己强迫来的要真实和自然得多,也更踏实得多。

有本书上说过:"思想……能令天堂变地狱,地狱变天堂。"其实,生活得快乐或是悲伤,选择权就在你自己手中。相信自己能做个乐观的女人,相信自己能做个神采飞扬的女人,选择让自己快乐、幸福的人生态度——乐观。

的确,乐观就像是心灵的一片沃土,为人类所有的美德提供丰富的养分,使它们健康地成长。它使你的心灵更加纯净,意志更加富有弹性。它就像最好的朋友一样陪伴着你的仁慈,像尽职尽责的护士一样呵护着你的耐心,像母亲一样哺育着你的睿智。它是道德和精神最好的滋补剂。马歇尔

·霍尔医生曾对自己的病人说过:"乐观的态度,是你最好的药。"所罗门也曾说:"乐观的心态,就是最强劲的兴奋剂。"

有一位虔诚的作家,在被人问到该如何抵抗诱惑时回答说:"首先,要有乐观的态度;其次,要有乐观的态度;最后,还是要有乐观的态度。"

有人说,女人是情绪化的动物,她们的悲观情绪很容易因为周围发生的点滴而跑出来。那么,作为女人我们该如何进行心理调节,才能不让悲观的情绪奴役自己呢?

1. 转移注意力

当你遇到挫折感到苦闷、烦恼、情绪处于低潮时,就暂时抛开眼前的麻烦不要再去想引起苦闷、烦恼的事,而要把注意力转移到较感兴趣的活动和话题中去。如果你把注意力盯在与别人友善和好的事物上,并常常告诉自己,误解、敌视毕竟是次要的,并把愉快、向上的事串连起来,由一件想到另一件,你就可以逐步排遣自怨自艾或怨天尤人的情绪。

2. 自觉地改换环境

如外出散步、旅游参观,调换居住地点等。这样通过新的环境,冲淡、缓解消极的心理及情绪。

3. 自我控制

人不仅要有感情,还要有理智。如果失去理智,感情也就成了脱缰的野马。在陷入消极情绪时,应有意识地用理智去控制,以下有几种方式。

自我暗示。采取这种方法,可以抑制不良情绪的产生。比如,你可以告诉自己,我是最棒的,沉住气,别紧张,胜利一定是属于自己的。这样就能增强自信心,情绪就会冷静,就能遏制冲动,避免不良情绪造成的不良后果。

自我激励。这是用理智控制不良情绪的又一个良好的方法。恰当运用自我激励,可以给人精神动力。当一个人在困难面前或身处逆境时,自我激励能使他从困难和逆境造成的不良情绪中振作起来。

心理换位。这也是消除不良情绪的有效方法。所谓心理换位,就是与他人互换位置角色,即俗话所说的将心比心,站在对方的角度思考、分析问题。通过心理换位,来体会别人的情绪和思想。这样就有利于消除和防止不良情绪。

4.合理发泄情绪

所谓合理发泄情绪,是指在适当的场合,采取适当的方法,来排解心中的不良情绪。有以下两种发泄悲观情绪的方法:

哭泣。当你遭到突如其来的灾祸,精神受到打击心里不能承受时,可以在适当的场合放声大哭。这是一种积极有效的排遣紧张、烦恼、郁闷、痛苦情绪的方法。

倾诉。当你的心中积满苦闷、烦恼、抑郁等不良情绪无法疏散时,可以向父母、同事、知心朋友尽情倾诉,发发牢骚,吐吐委屈。这样使消极情绪发泄出来后,精神就会放松,心中的不平之事也会渐渐消除。

总之,一切的和谐与平衡,成功与幸福,都是由乐观向上的心理产生的。女人保持乐观豁达的心境不仅可以获得爱情,而且在事业上也会有不小的收获,因为这个社会对谁都是公平的。生活中所有的问题都是一个有解的方程式,所以什么事情都往好里想,是解决事情最好最快的途径。

❋ 驱走压力的阴霾,让阳光洒进心房

社会经济的快速发展,让在工作、婚姻中扮演各种不同角色的现代女性承受着前所未有的压力。现代女性不漂亮不行,只一张脸好也不行,要有气质有学识有能力,最好自己养活自己之外,还有财力上的富余,在父母家承欢膝下尽孝,在老公面前恰到好处地撒娇,在公婆处扮传统贤媳讨巧,还不可以耽误养儿育女慈母严母一身两任;下完厨房出厅堂,走出家门又是一片天,在职业场上投入打拼,力争像个成功女性。于是,职场女性们总是叫嚷

着压力大。生活、事业、家庭的压力无处不在,可是造成这些压力的元凶还是女人自己。女人,请将自己堆积在肩上的压力卸下来,享受一段生活的轻盈,感受一下心灵的淡然,然后把压力永远放在自己的脚下。

这天,刘英被领导训了,因为连续几个月以来,她的业绩一直上不去,领导把原因归结于刘英已经结婚,需要照顾丈夫和孩子,因而没有精力投入到工作中。

回到家之后,刘英闷闷不乐,也不做饭,也不管孩子,就自己回房间睡了,丈夫看出了妻子的异常,便做好了饭,喊妻子出来吃饭。他敲开门进去,发现妻子哭了。

"出了什么事?"他关切地问。

"没事的。你先去吃饭吧。"

"工作上遇到不顺心的事情了吧。"

"还是你最了解我,我觉得压力很大。结婚后,领导对我的态度改变好大,好像我结婚就是个错误,我承认,我的业绩的确没有结婚前的好,但我每天还是在努力。我现在真想辞职了。"

"对不起,老婆,这么久以来,我忽视了你的感受,你得上班,还得照顾家里的老老小小,大小活都得你做,你承受了太大的压力。大家都说,男人压力大,其实,压力大的是女人。对了,你不是要年休了吗?我们去年就说要去秦皇岛玩一趟,一直没机会去,最近我也闲下来了,我们一起去吧,去散散心,回来整理好心情再上班,你看怎么样?"

"嗯,我看也行,谢谢你,老公……"

故事中,刘英释放压力的方法是值得很多女性学习的,那就是:倾诉、旅游。的确,在生活中,可能有很多和刘英一样的女性,面临着来自家庭、工作中的压力。很多职业女性不仅承受着来自家庭的压力,还有职场、人际关系、婚姻、孩子教育等诸多压力。除了要应付忙碌紧张的日常工作外,难得的双休是还要用来照料繁琐的家事,承受着来自工作和家庭的双重压力,因而感觉疲惫不堪。因此,如何让自己的心灵更纯净,释放压力就显得尤为重要。那么,我们该如何驱赶压力的阴霾呢?

1. 不要故意给自己加压

不少人对社会、对家庭、对自己都有不同程度的不满,他们中有些人喜欢在压力中生活,在压力中挑战难题,这样便有一种惬意的满足。但不是每次都有好运气,压力多了会压得自己喘不过气来。久而久之,就会祸及自己的身心健康。

2. 学会宣泄

作为女人,如果你希望自己不被生活和工作中的压力压垮,就要学会适时地宣泄身心的压力,保持身心的健康。可以采取以下几种方式宣泄:

①运用言语和想象放松

通过想象,训练思维"游逛",如"蓝天白云下,我坐在平坦的绿茵草地上","我舒适地泡在浴缸里,听着优美的轻音乐",在短时间内放松、休息、恢复精力,让自己得到精神小憩,你会觉得安详、宁静与平和。

②支解法

请你把生活中的压力罗列出来,一旦你写出来以后,就会惊人地发现,只要你"个个击破",这些所谓的压力,便可以逐渐化解。

③想哭就哭

医学心理学家认为,哭能缓解压力。心理学家曾给一些成年人测验血压,然后按正常血压和高血压编成二组,分别询问他们是否哭泣过,结果87%血压正常的人都说,他们偶尔有过哭泣,而那些高血压患者却大多数回答说从不流泪。由此看来,让人类把情感抒发出来,要比深深埋在心里有益得多。

3. 忙里偷闲,放松心情

一定要抛弃事事追求完美的心态。当你意识到自己要放松,但无论如何都很难做到、浑身紧张的时候,就应该学着忙里偷闲放松心情,给自己制

造一个放松的空间。比如,你可以:

在你疲劳的时候向孩子撒撒娇,告诉他你今天不想当妈妈了,想当孩子,向他提出要这要那的要求;当然即使是老夫老妻也要时刻让他知道你是女人,你需要他的呵护;别在男人面前表现出你很坚强,你不需要人关心,适当示弱会让他们产生自信,心生怜惜之情;和比你的生活状况差的女人聊聊,感受一下她们的辛苦、豪放、自信、满足,你会觉得你也应该知足了;叫上好友去洗个桑拿,边洗边聊也很享受;穿着宽松的睡衣,懒散地躺在沙发上看看韩剧,欣赏韩国女人漂亮的服饰、时髦的发型、丰富的表情,也很惬意。

终于,女人做回了自己,找到了那颗沉稳宁静而又广博透明的心,虽然要面对很多的挑战,虽然必须在事业、家庭之间小心翼翼地"走钢丝",但依旧可以自信、从容,在追求事业的同时也拥抱生活,在完善自我形象的同时,有着更高生活品质的追求。

❋ 向知己倾诉,把烦恼说出来吧

每个女人的人生旅途中,都会拥有几个亲如姐妹的知心朋友,称之为"闺蜜"当然,这里的闺蜜,也不一定是同性朋友,我们同样可以向异性知己倾诉心事。我们都知道,女人是有一定的抗压能力的,但如果压力过大不加排遣、一个人闷在心里或独自承受,则对健康不利。而心理学实践表明,把自己遇到的压力、烦恼对别人说出来,有宣泄的作用。因为与别人交谈能让他们分担你的感受,让压力得到分散;倾诉压力和烦恼的过程,就是整理、清晰化自己思路的过程,对减压有益。可见,当我们因为压力而内心郁结时,不妨找个知己倾诉,把烦恼都说出来,这样,你会轻松得多!

陈腾是一位大学老师,她已经五十多岁了,但她有很多忘年交。这天,有个叫琪琪的姑娘来找她,向她倾诉内心的苦闷:

"如果可以的话,我想叫你姐姐,我心里一直憋着很多事,如果不跟您说,我会憋死的。第一件事,是关于感情的,您知道,我刚毕业,我和我的男朋友在一起快四年了。我们是大学同学,他对我非常好,每天早上给我买早点,帮我打开水,总是想方设法让我开心。有的时候我脾气不好,或者遇到不顺心的事,他比我还着急,他总是让着我、关心我、体贴我,即使是我的错,他也总是说是他不好。大学四年,他照顾了我四年,宠爱了我四年。现在我们毕业了,他暂时还没有找到工作,而我则进了一个比较好的单位。现在工作不好找,家里没有一点关系,找到好工作的可能性很小。我的父母都不同意我和他继续来往。第二件事,就是我的家里不断给我安排相亲的对象,我不知道怎么办好了,加上现在,我在单位还是个新人,我必须把大部分精力放在工作上。这些压力,真的让我喘不过气来了。可是,一想到以后我可能和他一起吃苦,我又有点不甘心。"

听完琪琪的这一番话,陈腾说:"这么小的年纪,就要承受这么多,真是难为你了。但事实上,很多同龄的女孩子,都有这样的苦恼,我得告诉你的是,如果你觉得你的男朋友值得你和红拂女一样,,那么爱就爱了,即使你的整个青春将成为一场长征,你也能无怨无悔以苦为乐;假如你不是,我劝你还是知难而退,免得害人害己。你失去他,也许反倒有可能成全你和他——你可以按照你父母的心愿,找一个差不多的男人,过上安逸平静的生活,过几年生一个孩子,一辈子没有大风大浪。他离开你,如果他是一个真男人,背水一战,也许几年以后还有可能白手起家。总之,感情的事不能有半点勉强,假如你委屈地嫁他,却受不了跟他一起吃苦,那不如不嫁,也省得他因为要领你这个情,而不得不将大把的青春时光用来低声下气地哄你,既耽误自己的工夫,也不可能真能把你哄好。"

听完这番话后,琪琪若有所思地点点头,她知道自己该怎么做了。

这里,我们看到,一个少不经事的女孩子,在得到一个年长的姐姐的提点下,找到了人生的路,释放了心里的压力。可见,有时候,因为人生阅历、所考虑问题的角度等的不同,在我们看来是烦恼的问题,经过知己的提点,我们可能会变得豁然开朗。因此,作为女人,我们不妨让内心"开放"一点,当感到心理有压力出现悲伤、愤怒、怨恨等情绪时,要勇于在亲友面前倾诉,进行合理的宣泄。在他们的劝慰和开导下,不良情绪便会慢慢消失。

具体来说,向知己倾诉,具有以下几点操作诀窍:

1. 交几个知心朋友

研究压力方面工作的心理学专家说:"女性其实是一种很需要别人支持的群体。所以,对于女性而言,强大的后备力量就显得尤为重要了。"打个比方说,当你不小心割伤了手指时,你一定会立刻找创可贴。当你在心里遇到什么不开心的事情的时候,你肯定是需要有人在旁边支持你,给你打气的。要很好地处理好压力,那你必须要有强大的"后备力量"。也就是说,我们只有具备几个可以掏心掏肺的知己,才能在需要他们时,让他们挺身而出。

2. 最好找能帮助你排遣压力的知己倾诉

专家说:"无论是朋友,还是亲人,你都可以依赖。但是,你必须要找到在你压力大时,真的能帮助你的人。"如果你的朋友是很能应对压力的人,如果他(她)很乐观或者不会总是把事情往坏的方面想,那么这样的朋友一定可以帮助你渡过压力大的困难时期。你必须确定你有这样的朋友来帮助你。

3. 朋友的知心是前提

当然,这里的知己,是指那些能为你保守秘密的朋友。其实这点是非常重要的。专家说:"这样的知心朋友,不但可以帮助你保守秘密,而且他们知道尊重你的隐私。"

总之，每天为生活劳累的女人们，如果你把你的压力和困扰告诉朋友，可以让你觉得舒服些的话，这未尝不是个减压的好方法。把你的压力说出来，也许你会觉得舒服很多。那么你也可以找一些可以信任的朋友，一起出去喝喝咖啡，把你的困扰告诉他们。记住了，千万别过度强调你的压力，因为这样做，你和朋友都只会更加压抑。

❋ 抱怨让女人衰老，不满是对自己病态的怜悯

有人说，男人是一座山，女人是一条河，其实在家庭中，女人更是顶梁的柱子，重心的所在。没有女人，男人的日子便不成其日子；没有女人，男人的生活，便不成其生活。但女人的抱怨，似乎是天生的。老天给女人一张小嘴，一条巧舌，似乎为的就是让女人多说话，多数落。尤其是在结婚后，日子实在单调、无味，柴米油盐酱醋茶，锅碗瓢盆叮当响，整天围绕着一个男人一个孩子转，不烦也烦了，不倦也倦了；再加上皱纹悄悄爬上眼角，容颜渐渐被西风憔悴，心里的一把火，就腾腾腾地向上蹿，纳不下，息不了。女人感到心酸、命苦，一步错都是错，选错了人，婚姻的不幸，没有一个温柔体贴、善解人意的丈夫。于是她开始忌妒别的女人拥有的一切。

你还记得当年"月上柳梢头，人约黄昏后。月色溶溶，柳影姗姗。"的情景吗？天生浪漫的你曾发誓，此生非此男人不嫁？你是否回想起昔日，那个撑一把小红伞遮两个头依偎而步的恋爱季节。有时，你没准会隔三差五地把沙发换个方向，把花盆架移换个位置，把窗帘布翻个面……休憩的时候，男人恋床头，女人会上街买香水、手帕……其实可能什么也没买。可归来时脸上却是春风得意，鲜活无比，炒菜煮饭的劲头很足。其实，还是当初的那两个人，只是生活环境变了，时间长了而已。

你自己也许也知道，你的抱怨更多的时候是一种示爱，是一种提醒，是

一种引起男人注意自己的方式。但是任何一个男人是绝对忍受不了天天怨声载道的女人的。几乎所有的女人都真真假假地骂过男人———傻男人、笨男人、木男人、不懂女人心。此时此刻,如果碰到一个脾气暴躁的男人,女人就惨了,一场家庭暴力是少不了的,甚至引发男女双方的家族战争,挑起了离婚大战。这样的婚姻多么不幸啊。这样的女人,连死都不明白男人为什么不爱自己,自己的家庭为什么冷得让人喘不过气来。

一般的女人,抱怨来得多,来得勤,来得猛。天长日久,便养成了一种习惯,一种爱好,一张碎嘴。一天到晚,有事无事,都要张家长李家短地唠叨。的确,不抱怨的女人是没有的,但没有技术含量的抱怨,常常被男人视为唠叨成为"耳旁风",风吹久了,男人可能会"发烧上火"针锋相对;而有技术含量的抱怨,互不受伤又解决问题,还能增加双方的亲密感。当然,这里的抱怨,并非是发泄自己的不满,而是一种情感的传达,一种爱的暗示,那么具体说来,我们该如何做呢?

1. 就事论事,不做人格评论

"你这个人就是说话不算数,根本就是不负责任",其实,也许就是因为你们约好一起吃晚饭,而他临时公司有事,确实去不了。

因此,你别动辄拿他的人格来做论评,这会伤及男人的自尊,男人获得认同和自信的最大途径是最亲近的人。聪明的女人,最好适时地"软"一下,改成"今晚说好一起吃饭的,你却让我一个人等了这么久",这样反而让他心生愧疚,不仅避免了一次口舌之战,还会加倍补偿。

2. 放下架子,承认自己需要

很多女人都说过这样的话:"你根本不在乎我,你整天想的就只有工作,从来没有想过我"、"你总是记不住我的生日"、"难道你不能陪我吗"。

实际上,这些抱怨的话实际上已经是"责备"、"命令"了,这会让另一半觉得你不可理喻,以至于不愿和你沟通。

其实,换一种语气,告诉他你是多么的需要他,尤其男人的天性就是期望被需要。例如,"我很希望能被你关心,但似乎总是我不厌其烦地在给你打电话问候你",其实只是换了一种口吻,就将指责和命令变成了你情绪的表达。

3. 不要真正实施你的"负面行为"

生气的时候摔东西,这也是女人发泄情绪的惯用伎俩,或者离家出走,眼巴巴等着男人追出来哄回去。

这种极端的情绪说出来就行,别真正付诸行动,这才是最高明的做法。例如你可以说:"我非常生气,气到想摔东西!"只要表达出生气的真实感受就行,摔东西的破坏性做法可完全省略。

这样虽然并不会让问题消失,但这是一个非常有效的亲密邀请。就如同向对方递上一封亲密的邀请函,让他更了解你的感受,并让对方理解,你的目的不是来伤害他,而是想更靠近他。

✿ 调节心理,"阳光暴晒"会让自己乐极生悲

生活中有许多不愉快的事情,也有些让我们愉快的事情。女人是情绪化的动物,她们的心情也会随着遇到的事情而发生变化,但无论遇到什么事,都应该懂得心理调节,因为"月满则亏,水满则溢"、"乐极生悲"。"人逢喜事精神爽"固然很好,但如果我们能冷静地思考一下,让心情平静下来,和自己的心灵对话,那么,就能避免很多因"乐极"导致的问题。

阿玲是个彩票迷,每天都雷打不动地去买几注彩票,但和大多数彩民一样,她几乎没中过奖。

这天,阿玲和往常一样,晚饭过后,她打开电脑,查看今天的彩票状况,当她看到自己居然中了三千元时,她简直不敢相信自己的眼睛。后来,老公告诉她,她真的中奖了。她高兴得手足舞蹈起来。当时已经是晚上八点多,

但她坚持请朋友和家人去吃夜宵。

9时30分左右，饭店服务员端来一盘鸡肉，让人意想不到的事发生了，阿玲还没啃完手上的鸡肉时，就因为说话太多、笑声不断而发出猛烈的咳嗽，家人见阿玲可能被鸡骨头卡住了喉咙，就连忙端来一杯水，赶紧让阿玲喝下。阿玲喝下水以后咳嗽得更厉害了，难受得在地上打滚，家人赶紧打120。

很快，家人将其送到医院，立即动了手术，将鸡骨头取了出来，阿玲这才脱离了生命危险。医院医生称，要是再晚一点，阿玲可能就会出现生命危险。

看到这个故事，我们不得不感叹：乐极生悲！原本阿玲已经中了彩票，但她太过高兴，情绪激动，才出现这种可怕的事。

可见，我们在遇到"喜"事之时，也应该调节心理，那么，具体来说，我们该如何调节呢？

1. 保持心理平衡

①给自己订立合适的目标

如果我们的目标太小，当我们有点小小的成绩之时，也会骄傲自满。为避免出现这样的问题，我们最好还是明智地把目标定在自己的能力范围之内，不可太高，但更不可太低，能欣赏到自己的成就，心情自然就舒畅了。

②不需要太在乎结果

人类不善于预测快乐，因为快乐是乞求不到的，当你追求快乐时，它无影无踪，而你忽视它时，它却不期而至。其实，快乐是因为你做了快乐的事情，当你把某一件事情做好了，你对自己的行为感到满意，你就会快乐。

通常，当人们参加了一些非常有趣的活动，达到忘我的程度时，生活满足感就会出现，因为这时他们已经忘记了时间，也忘记了一切忧愁。心理学家彻斯把这一现象称为"顺其自然"。彻斯认为，在生命的流程中，人们也许正在处理棘手的事件，也许正在做脑部手术、玩乐器或者是在和孩子一起解决难题,而其中的影响都是一样的:生命中许多活动的流程就是生命中的满足。你不必加快脚步到达终点,顺其自然就可以。

生活中,一些女人太在乎做事的结果,她们很容易大喜大悲。而如果我们淡化结果,重视做事的过程,那么,无论结果如何,我们的内心都是平静的。

③不要处处与人竞争

这就是要与人为善,不要处处都把别人作为竞争对象,这样自己只会更加紧张。不把别人当对手,别人也不会把你当敌人。这样,当你赢了对方,你获得的不仅仅是欣喜,还有友谊。

④知足常乐

不论荣与辱、升与降、得与失,要做到宠辱不惊。须知:人生最大的快乐是健康,快乐的第一法宝是宽恕的心。

2. 掌握一些防止"阳光暴晒"的心理调节法

呼吸松弛法:进行稳定而缓慢的深呼吸,连续20次以上,每分钟的频率为10~15次。

心灵对话法:多与自己的心灵对话,你就会越来越认清自己,越来越认清生活,越来越认清生命的意义与价值。你要告诉自己:其实也没什么,我还有更多的目标没实现,这样一想,自然就能心情平静了。

锻炼调节法:情绪激动时,不妨多做一些伸展肢体的锻炼,你会发现,原来,锻炼身体也可以表达自己的兴奋。

出自内必将影响于外,清静的心灵是美好生活和完整生命的基础。作为女人,如果你想避免因乐极而带来一些负面影响,如果你想有更新的生活,那么,你就要做好心理调节工作,达到心灵的清净!

❀ 磨难与逆境不过是飘来的"浮云"

每个人生在这个世界上,发生不如意的事情十有八九。在有些女人眼中,承受挫折、磨难是男性的"专长",女人应该是生活的享受者。其实,这样的女人,一生注定平淡无为,相反,一个女人的生命将会因为逆境而精彩。因此,作为一个女人,我们应该学会接受人生的磨难和挑战,当我们困于这种"不如意"之中,终日惴惴不安,那生活就会索然无味。与之相反,如果我们拥有一颗感恩的心,善于发现事物的美好,感受平凡中的美丽,那我们就会以坦荡的心境,豁达的胸怀来应对生活中的每一份酸甜苦辣,让原本平淡乏味的生活焕发出迷人的色彩。这时,我们就会发现,磨难与逆境也不过是飘来的"浮云"。

在《福布斯》杂志2000年度公布的中国内地50位拥有巨额财产的企业家的名单中,年轻的阎俊杰、张璨夫妇因拥有1.2亿美元的财富而名列第23位。另据《粤港信息日报》报道,张璨名列由有关部门策划并组织的"当今中国最具影响力的十大富豪"之一,是十大富豪中唯一的,也是最年轻的女性。

张璨是北大金融系的学生,可在她读大三的时候,却被注销学籍,勒令退学。原因是有人举报,3年前她第一次高考时曾考上东北某大学没有就读,她第2年又考上北大。按当时规定,有学不上的考生必须停考一年。退学事件给了张璨巨大的打击。她只有到处打工。后来,张璨和丈夫正式下海,开始创业的时候,几乎是一穷二白。那时候,他们自己组装电脑,经常熬到凌晨两三点。张璨和丈夫挣到的第一桶金,是从沈阳一家废品仓库里挣的。1987年初,他们赚了5万元,这在当时可是一笔了不起的大钱。依靠这点积蓄,他们开始和别人一起办公司。1988年,由于和公司董事会之间出现矛盾,张璨和丈夫一起退出了公司,开始了第二次白手起家。这期间,他们做了很多的尝试。1992年,张璨和丈夫重新回到电脑行业,注册了现在的达因公司。张璨夫妇拉起达因公司不久,就从一个基金会借到300万元人民币。由于张璨的聪明、机敏而又踏实苦干的风格,她的公司后来被美国康柏公司看上,成了康柏在中国市场的总代理。

有同学这样称赞张璨:与众不同的经历,造就与众不同的道路。的确,一个成功的女性,必当是在挫折与逆境中摸滚打爬出来的,人生在世,难免会遇到挫折。

逆境本身是无罪的,可是人们却十分讨厌它。其实,正是因为逆境,才使我们的生活变得更加精彩,才使我们获得成功。挫折能将生活、家庭乃至世界变得更加精彩。如果你未经历一次挫折就直接获得了成功,那么,你就不会去努力创新,等待你的将是两个极端……光辉的一生或一辈子的失败。而如果经过挫折才会成功,你将会拥有最高的荣耀,你不会因为没有创新而被淘汰,也不会因失败而黑暗一辈子。从这个角度讲,适度的厄运具有一定的积极性,它可以帮助我们驱走惰性,促使人奋进;厄运又是一种考验和挑战,我们的生活可以在厄运中变得精彩,我们的性格也会在厄运中变得成熟。

青春易逝,女人的一生是短暂的,我们走过漫漫的一生,有时候会突然发现自己的生活如此不公。所有的日出日落,寒来暑往;一切的欢笑、泪水如戏剧,一幕幕地上演着。面对人生涌起,我们顿时觉得自己很渺小。渺小得很像一束远方的微光;渺小得很像漫天飞舞的蒲公英,随风飘扬;渺小得很像微不足道的尘埃,四处游荡。为此,我们惆怅,我们感叹。其实我们不必悲叹,因为生活本来就是这样,我们本来也就是如此渺小。但渺小不是人生之光的黯淡,不是生命之火的熄灭,不是超然物外的冷漠。

我们坚持逆境对我们的帮助要胜过顺境,但这不代表我们喜欢生活在那些困境之中,而是因为这是一项永恒的、放之四海皆准的客观事实。没有一个人的一生是平坦的康庄大道,真正的顺境只存在于"乌托邦"的理想之国中。

那么逆境到来之时,作为女人,我们应该怎么面对?

1. 选择你的态度

当逆境到来之时,你可以选择两种截然不同的态度,消极被动地害怕和逃避,或者积极主动地面对和接受。

若心存消极态度,那么你将被局面控制,而积极主动,则能反过来控制局面。如果你希望能够通过自己的努力使自己的能量一点点变得强大,同时让自己变得更完美,就必须选择积极主动的态度,那么,逆境这朵"浮云"自然会被你驱赶出心灵的天空。

2. 看回自己,找到礼物

外部环境是你不可控制的,你所有能够影响的内部环境,就只有你自己,然后通过自己的改变去影响环境。那么,面对逆境——这个生命礼物——有点难看的包装,请你深深地去思索:为什么这件事要发生在我身上?为什么不是别人,而是我导致了这个困境的产生?我应该怎样从自己出发,找到一个适当的、合理的方法去改进,从而去影响它呢?

怀着反省和觉悟的以及积极的心态看回自己,你就能带着耐心和勇气,一点点地拆开逆境那包裹严实的包装纸,发现里面珍藏的真正的生命礼物。

3. 放眼整幅生命蓝图,认出你的最佳利益

心灵大师彼尚曾言:"不论我们见到什么,都只是整幅图像的一个细小部分。"因为我们不能看见整幅图像,表面上看起来是对我们好的事,可能并不是。反而,我们认为的逆境,事实上对我们却有帮助。

敞开自己的心去了解,你能发现,逆境并不是你必须去除和消灭的敌人,而是你最真诚的朋友。因为,它们给你带来的将是最可遇而不可求的生命领悟。

说到底,决定一个人心态的是人的理想、他的人生观和世界观。一个

大气的女人,就是具有远大的目标,正确的人生观;就是要胸怀宽广,执著进取,挑战自我,不屈命运,坚信自己,积极思考。那么,我们一定能保持良好的心态,即使生活给予我们挫折,我们也要怀着理解的心态给它一个微笑!

第 4 章

扭转乾坤的改变，请把幸福的指针对准自己

很长一段时间以来，作为女人，不知道你是否考虑过一个问题，你为自己活过吗？结婚以后，女人会为了丈夫和孩子，放弃自己的爱好，放弃自己的朋友，放弃自己的事业，放弃一次次能让自己发展的机会……于是，丈夫在进步，孩子在进步，女人则在退步，当距离拉大的时候，女人的爱，女人的家还能继续朝前走多远？当然，这并不是说女人不应该为爱付出，但女人在选择为了爱而放弃的时候，记住，千万别放弃自己，记住要把幸福的指针对准自己，记得充实自己、保持自己的美丽、给自己一个发展的空间，让自己也和丈夫和孩子一起成长，共同进步，携手创造明天，这样的幸福才牢固！

❋ 当你偏离了幸福的方向,是否能清醒回归

任何一个女人,都希望找到一个疼爱自己、呵护自己的另一半。开心时陪她笑,不开心时逗她笑。想哭时让她哭,懂得安慰她并且给她一个宽厚的肩膀让她依靠。需要他的时候可以随时出现在她身边陪伴她……总之,男人的一切优点女人都希望可以集中在她的男人身上。

又有人说,爱是奢侈品,婚姻是易碎品,就如钱钟书先生把婚姻比喻成"围城"一样,婚姻要经历"七年之痒",在这个关键时刻,很多女人会担心出现婚姻的危机,更担心另一半禁不住外界的诱惑。但是,偶尔我们也会发现,偏离家庭与幸福,并不是"男人"的专利,一些女人也会偶尔分心。人生路上固然有很多令我们眼花缭乱的风景,我们偶尔也会意乱神迷,但你一定要记住,当你偏离了幸福的方向之后,一定要懂得清醒回归。

那年,小樱刚结婚,结婚后,她辞去了原来的工作,来到现在这家单位。这是一家科研单位,单位很大,人很多,高学历的人也很多,硕士、博士一抓一大把。用小樱的话说,很多在外人眼里的留学博士在这家单位干的也就是打杂的活儿,当然,熬个几年也就升级了,指挥新来的博士硕士打杂了。

那时候,计算机还不是很普及,数量也比较少,达不到每人一台,所以就有文印室,自然就有打字员了。

小樱是本科毕业,也就只能当个打字员。这时,单位新来了一个年轻帅气的博士生,经常跑文印室,于是,一来二往,就和小樱熟悉了。那个时候流行蹦迪,年轻的女孩子又都爱玩,小樱虽然刚结婚,但也和那些单身女孩子一起,经常下了班没事儿就去瞎蹦,也没多少钱,也不舍得乱花,到了迪厅要一杯饮料然后就一直蹦到凌晨才回家。

一次,小樱下班后,和往常一样,给老公打电话,说晚上和朋友玩。接

着,就和这帮姐妹们一起走了。恰巧,那天这个博士生居然也在。小樱没有车,他就主动要求小樱坐自己的摩托车,小樱勉强答应了,真是羡煞了其他姐妹。

坐在他的后座上,小樱有种很奇怪的感觉,这种感觉是老公不能带给自己的。小樱脸红了。

接下来的几天,小樱再也不好意思和博士生开玩笑了,她开始躲开他,因为她知道,她不该这样想,她有个幸福的家庭,老公对自己很好,她决不能对不起老公。但实际上,她想得太美好了。一个星期之后,博士生找到小樱,表达了心迹。他说,即使小樱结婚了也没关系,他会等。这下,小樱手足无措了。

这天晚上,小樱又玩到凌晨才回家。回到家,老公已经睡了。她打开灯,去厨房拿水,却发现满桌子的菜没动,她当时就哭了,跑到卧室,抱住老公说:"傻瓜,怎么做这么多菜,今天什么日子?"

"我们结婚半年纪念日啊。"被她弄醒的老公回答。小樱这才想起来,结婚都半年了,想到这些,她更加泣不成声,而她的老公,也不多问,只是搂着妻子,让她尽情地哭。最后,小樱和老公度过了一个快乐的纪念日。

看完这个故事,让人久久思量的是,有多少人正像故事中的女人一样,忽略了身边的爱人,偏离了幸福的方向?又有多少人像她一样,因为一件偶然的事情而醒悟呢?

所以,懂得把握自己的拥有,不要等到失去时空留遗憾,因为生命本就短暂,我们要好好珍惜眼前人,眼前事,眼前的幸福。再忙再急,也请同你的爱人、孩子一起吃顿饭,看一场电影,或是散一次步。不然,等到他们真的离开你时再后悔,就太迟了。而如果现在的你正在往偏离幸福的方向走,请一定记得要清醒地回归。

那么,具体来说,我们该怎样归位呢?

1. 慎重面对诱惑

在一个女人20~35岁之间,应该都遇到过诱惑,这里的诱惑,可能不仅仅是情感上的,更有可能是事业上的。如果我们不懂得辨析个中厉害,很可能就会影响你的爱情路,有时会影响你的人生路。这个时候,你的决定真的很重要。

的确,世界很精彩,但世界也很无奈!美好的东西太多了,就算你是亿万家财,也难饱私欲!换个角度来冷眼看世界,用明智心、欣赏心、平常心来面对各种诱惑吧!美好的东西,不一定要真正拥有,再说,或许拥有之后反而会有一种失落感呢,距离是美,远远地观赏你心仪的东西,用豁达的心来面对那些诱惑,这样才会活得更精彩!

2. 不要做婚姻中的"黄脸婆"

女人,你要明白,婚姻这个字眼是阳光的,在一个充满了怨恨、愤怒、讽刺的环境里,爱会消失殆尽,而在一个相互尊重、接纳、诚恳的环境里,爱会茁壮成长。如果我们好好经营婚姻,不让自己成了"黄脸婆",那么就可以把陷入泥沼里的关系发展成满怀信任和安全感的关系,婚姻自然能美满幸福。

3. 懂得珍惜眼前的幸福

我们知道,《鲁豫有约》主持人鲁豫是经历了一次失败的婚姻,才遇到了九年前的朱雷,步入现在幸福的婚姻殿堂,从而事业爱情双丰收的。可是,我们不难想到,她与朱雷虽然有情人终成眷属,却失之交臂长达九年时间。这与鲁豫当初的任性是有关系的,情侣之间不免吵架,但却因为任性而放弃对方是很可惜的。

同样,无论是爱情还是婚姻,甚至是现在的生活,我们都要懂得感恩,懂得珍惜,那么,即使外界的诱惑再强大,也影响不了我们的内心!

❀ 放弃执念,不要让"轴"摧毁了自己的幸福

生活中并不是所有的坚持都会等到最终的胜利,无谓的坚持就是执念。

我们不妨先来看下面一个寓言故事：

有一天，某地下了一场非常大的雨，洪水开始淹没全村，一位神父在教堂里祈祷，眼看洪水已经淹到他跪着的膝盖了。

这时，一个救生员驾着船板来到教堂，跟神父说："神父，快！赶快上来！不然洪水会把你淹没的！"

神父说："不！我要守着我的教堂，我相信上帝一定会来救我，你还是先去救别人好了！"

又过了一会儿，洪水已经把教堂整个淹没了，神父只好紧紧抓着教堂顶的十字架。

一架直升机飞过来，丢下绳梯之后，飞行员大叫："神父，快，这是你最后的机会了，我们不想看到洪水把你淹死！"

神父还是意志坚定地说："不！我要守着我的教堂！上帝会来救我的！你赶快先去救别人，上帝会与我同在的！"

神父刚说完，洪水滚滚而来，固执的神父终于被淹死了。

这个寓言故事告诉我们，在生活中不是所有的坚持都是正确的，必须以理智的思考为前提，无谓的坚持只会带来损失。在感情中也同是，该放手时就放手，坚持只会让彼此都受伤。当发现自己的选择不对的时候就去放弃吧，有时候放弃也是一种勇气。阿迪丝·惠特曼的《冥想的艺术》中有过这样一段话："瞬间的选择可以左右人的一生，所以在选择的时候有几个标准需要遵守。比如，哪个选择正确、哪个选择是光明的、哪个选择和未来有关等，而最重要的是哪一个选择可以让我比别人更加幸福。但是，无论怎么说，选择的人都是你自己。"

在现实生活中，女人似乎比男人更执拗，尤其是在感情问题上。明明坚持到最后可能是个可悲的结局，但却仍然执迷不悟。下面来看这样一个受伤的女人的情感告白：

"我认识我老公的时候，他当时正失恋。随后，他开始追我，那阵子我身体很不好，住在医院，他便天天去看我。但家里以及所有的朋友都反对我嫁他，其中一个朋友对我说，穷男人不能嫁，花心男人更不能嫁，如果又穷又花心，那就是火坑。朋友们告诉我，他在我之前至少跟5个女人同居过。我没有介意，因为他并没有瞒我。结婚一个月后我怀孕了，到那时我才知道，他为了娶我，欠了很多债。我跟他商量，以后他的工资用于日常开销，我的存起来，以备不时之需。他同意了。但因为我的工资比他高出很多，结果每个月发薪水那天，他都会发脾气。再后来女儿落地，他却在那个时候辞了职，说是要做生意。我把我全部的积蓄都给了他。

不幸的是，他根本不是做生意的料，钱全部赔掉了。孩子出生后二个月，我就开始上班了，因为家里实在没钱了。而就在那个时候，我发现他有了外遇。他对我坦白，说他过去的那个女朋友来找他了。我当时就哭了，但他向我保证，以后不会再做对不起我的事情。但不久，我就撞到他们在一起。那一次，他竟然当着那个女人的面对我说要和我离婚。那件事情对我打击很大，我病了很长时间。大概两个月后，他来找我，诅咒发誓甚至跪在我面前求我，我相信了他。但不料，我又发现了他和那个女人的暧昧短信。最近，我发现自己又怀孕了，我说等我把孩子流掉之后咱们分开吧，他让我不要老说这些话，他跟那女人没有可能的，说我永远是他的老婆，他说想要这个孩子，但是被他伤了这么多次之后，真的很难再去相信他，我到底应该怎么办？

当你听完这个故事之后，你一定会说，这样的男人还有什么好留恋的？换句话说，如果这样的事情发生在她周围的任何一个朋友身上，估计她自己都会坚定地说："离婚！"但有时候，女人就是这样执著，对于这样错误的婚姻也是这样。也许女人会说："哪有那么容易做到？"但要记住，苦难是强者的垫脚石，是弱者的深渊。

那么，对于这种错误的执著，我们不妨从以下几个方面寻找解决的途径：

1. 向亲友"求救",听取他们的建议

每个人的感情经历不相同,每个人考虑问题的方式也不同,有些问题,在你看来,可能你会觉得无法作出抉择,但从他人的角度看,或许会为你指出条明路,这正如人们常说的"当局者迷旁观者清"。

2. 后果联想法

如果你准备坚持自己的某些想法,那么,你可以采取后果联想法:"如果我坚持这么做,后果会怎样?"当你得出结论后,你就能知道自己该怎么做了!

当然,作为女人,我们一定要独立、自强、自主,抓住属于自己的幸福!

❋ 你的改变从哪里开始到哪里结束,才算幸福

有人说,男人是泥,女人是水。给你一把泥,如何拿捏,要看水的多与少,水多了,和稀泥,水少了,难成形状,只有水不多不少恰到好处,捏出的泥才能有棱有角、有形、态有栩栩如生。男人和女人组成家庭,家庭幸福与否,很大程度上取决于女人是否知道如何去做个好妻子。作为家庭主妇,她天天为生活而操劳;作为女儿,她肩挑责任,陪伴双亲,安抚老人;作为母亲,她饱蘸心血,如痴如醉地诠释着母爱……在这无怨无悔的付出中,岁月一天天流逝,不知道什么时候女人的身材开始变得臃肿,容颜不再焕发,脸上有了暗斑,眼角有了皱纹,双手也开始变得粗糙,而且在言语上也开始没有了顾忌,有时候会为了孩子不听话或者鸡毛蒜皮的小事情而唠叨不已……

但女人,你一定要记住,在人生的旅途中没有人可以陪伴你走完一生,除了你自己!千万不要无私地把爱全部都放在别人身上,这样看似成了好女人,但最终只会苦了自己,女人应该拿出一些时间来爱自己,爱自己的容颜,也要爱自己的身体,唯有如此,生活才能多一份信心与勇气,少一份无奈

与孤独。但爱自己绝非是苟且放纵,孤芳自赏。看那深谷的幽兰,即便无人采摘,甚至看不见自己水中的倒影,它亦会开出最美的花,弥漫最幽雅的清香,千百年来,花开花落,悠然自得……

小曼结婚三年多了,这段时间以来,似乎她的婚姻遇到了一些问题,她对自己的闺蜜倾诉了自己的苦衷:"我的婚姻遇到了麻烦。你知道,我和老公是大学同学。婚后几年我一直觉得非常幸福。但是,从女儿两岁多吧,不知道为什么,他开始冷落我,我们经常几天不说话,他说我变得向黄脸婆一样,说我唠叨。现在想想,我当时做得非常不明智:跟他吵架、冷战,查他的电话,慢慢的愈演愈烈。我被他的"冷暴力"逼得要发疯,于是隔三岔五冲他发脾气、哭泣,有的时候也求他,都没有用。直到有一天,他告诉我:我不爱你了。之后,我们就分居了。我现在努力让自己不在意他。但有时又很恨他。我该怎么办呢?

而她的闺蜜告诉她:"小曼啊,不是我说你,你有没有发现,你结婚后变了很多,你不再爱打扮了,每天围着厨房和孩子转,你这样,男人不但不会感激,反而会产生审美疲劳。明天你给自己放天假,我带你好好逛逛街……"

可能我们都知道,对于一个未婚女人,如果她长得"困难",再疏于打扮,再不时尚,再没有显赫的门第和夺人眼目的成就,一般来说,就不太容易有男人追。因为男人就是这么肤浅,他们喜欢美女,喜欢感官上的愉悦。为此,这些不是美女的女人们通常都会为了让自己更有魅力而打扮自己,让自己时时保持迷人的姿态。但女人一旦结婚,就会犯这样的错误,她们认为自己已经有主了,于是她们不再爱自己,而结果只能像是故事中的小曼一样,男人往往产生了审美疲劳,然后女人不断地抱怨,男人则不再爱她……

那么,如果你也是这样的女人,你就必须改变一下现在的你,改变现在的生活状况,为此,你需要做到:

1. 懂得欣赏自己的外表

其实,不论自己长得美还是丑,女人都无须与别人进行比较,要看到自己的美丽,要发觉自己身上比别人美丽的地方,并大大方方地展示给别人,哪怕这个美丽只是不起眼的眉毛、耳廓、手指、头发,保养得干净细腻的皮肤,只有这样,你才有勇气与人交际,才会真心地爱自己。

2. 要从一点一滴的细微处呵护自己

比如,做瑜伽修身养性,做面膜保养皮肤,做头发散发自信,做指甲拈花微笑……生活中的这些细节,你是不是因为忙碌而轻易忽略了?那就难怪你整个人都变得疲倦和憔悴起来。为了爱自己,从现在起就重新将美丽的细节拣拾回来吧,在钢筋水泥的都市森林里,做一个爱自己的靓丽女人。

3. 不仅仅要爱自己的外表,还应该让自己的头脑也丰富起来

到大自然中去,让心感受四季的浪漫;到图书馆去,汲取丰富的知识,充实自己的头脑……只有这样,你才能永远拥有爱。千万不要等到老了以后才发现,自己不知在什么时候已被丢掉;也不要在男人抛弃你的时候才发现,自己真的已经衰老;更不要到孩子问起他们想问的东西而你这个妈妈什么都不知道时,才后悔自己曾经的知识都已经忘记。

4. 不要放弃自己

女人在结婚以后,往往会为了丈夫和孩子,放弃自己的爱好,放弃自己的朋友,放弃自己的事业,放弃一次次能让自己发展的机会……于是,丈夫在进步,孩子在进步,女人则在退步,当距离拉大的时候,女人的爱,女人的家还能继续朝前走多远?所以,女人千万别放弃自己,要保持自己的美丽,丰富自己的知识,给自己一个发展的空间,让自己也和丈夫、孩子一起成长,共同进步,携手创造明天,这样的爱才牢固。

就像人们常说的:"爱你的人如同爱你自己。假使你不爱自己,又怎么爱别人呢?"的确,女人可以无私到爱任何人,但一定要记住,婚姻不能成为你不断前进的羁绊,你依然要做自己,而不是男人、孩子的附属品!

❋ 与时俱进，学会跟随时代变化自己的步伐

现在流行的是三种女人：有姿色的、有知识、有资本的，有很多女人属于第一种，也有些女人属于第三种，但在知识方面，很多女人却有待加强。像《哈利·波特》的作者卡罗琳那样，用知识换资本，倒不失优雅。毕淑敏曾说："女人难得的是智慧，她们多的是小聪明，缺乏的是大清醒。过多的脂粉模糊了她们的双眼，狭隘的圈子拘谨了她们的想象。她们的嗅觉易在甜蜜的语言中迟钝，她们的脚步易在扑朔的路径中迷离。"要知道，现代社会，日新月异，作为女人，我们也应该随时保持清醒的头脑，要做到与时俱进，要跟随时代变化自己的步伐。如果你不想做花瓶，不想做瓷器，不想做黄脸婆，那么就要不断地充实自己，给自己充电！

有一个比较有名的笑话：

女人问："老公，结婚前你说你喜欢吃鱼头和鱼尾巴，每次鱼肉都是我吃的，怎么现在这么爱吃鱼肉了？"老公边大口吃着鱼肉边说："结婚前那鱼只是诱饵，结婚后的目标就是鱼了。"

这只是个笑话，但却值得我们细细体味。每个女人，在走进婚姻殿堂的时候，都是美丽的，在众人的祝福下，她多半还会问身边的男人："你会永远爱我吗？"或者这个话题在结婚前已经问了很多次了。男人当然也会痛痛快快地答应一声："那是肯定的了，我会爱你一生一世的。"这里，我们不要怀疑男人在说这句话时的诚意，娶到心仪的女人，他是下过一番工夫的，只是真实而平淡的生活对感情所造成的压力，远远超出了这些年轻夫妇的想象。对于男人来说，婚姻意味着更深层次的亲情和责任，但男人都是粗枝大叶的，一旦结了婚，他们便认为两人的感情已经尘埃落定，已经成为夫妻了，到嘴的鸭子难道还会飞了不成？他会觉得只需要安心挣钱养家就可以了。于

是，他不会像以前那样对妻子呵护备至，不会因为妻子细微的情绪波动而迅速采取安抚补救的措施。

而婚后的女人在心态上完全相反，婚姻对于她来说，就是全部。她会把全部精力都放在家庭和老公身上，从而忽视了自身的修养提高，认为没时间和精力再为自己充电，殊不知在这个知识爆炸的时代如果不能与时俱进，及时补充新的知识，就只能被时代所淘汰。

聪明的女人，不要以为只需要照顾好丈夫、料理家务就可以了，更重要的是要不断充实自己，至少在观念上不要与男人拉开太大的距离，因为观念上的问题最容易使双方产生隔阂。

有些女人可能会认为，永远保持美丽就能拴住男人的心。可是并不是每个人都那么幸运，容貌是父母所赐，天生丽质不是每个人都能拥有。更何况，真正的美不会只留在于人的容颜中，随着时光的流逝，能够长久的不会是外貌，而是内在的气质。因此，如果你想让自己"永不衰老"，就必须要做到与时俱进，跟随时代变化自己的步伐。

我们知道鲁豫是一个才貌出众、气质非凡的主持人。陈鲁豫在凤凰电视台的形象定位是清新、时尚、知性的，她的主持风格也是亲和、自然、锋芒的，处处表现出的是机敏和智慧，这个特点在她的《鲁豫有约》表现得非常突出。人物访谈可以很好地发挥她的个性特点，节目的亮点和看点也在于鲁豫的挖掘能力和交锋中的锋芒智慧，鲁豫对访谈对象和节目的掌控能力绝对上乘。

若要评选中国电视观众最喜欢的女主持人，陈鲁豫一定能以其知性的形象和独特的主持风格，稳坐其中的一把交椅。从中央电视台到凤凰电视台，再到湖南电视台，陈鲁豫一直像"香饽饽"般被竞相争取，她主持的《鲁豫有约》也是国内有名的几档访谈类节目之一。这都是因为鲁豫一直在不断地充实自己、更新自己的知识储备。

就在1994年，当鲁豫有了一定的成就，在央视《艺苑风景线》做得相当不错时,她放弃了令人羡慕的工作,赴美留学。"节目本身没有问题,但它没有办法提供我所需要的舞台。"鲁豫说。

1996年3月,回国后的鲁豫签约"凤凰"卫视,成为继许戈辉、窦文涛之后,凤凰卫视的第三位签约主持人。

鲁豫之所以在事业上有今天的成就,在婚姻爱情上幸福美满,都不是偶然所得,这与其有智慧的头脑是有着密切的关系的。著名演员奥黛丽·赫本也曾经警告那些靠年轻貌美吃饭的演员:"记住,那只是一张皮,很快就消逝的,你的大脑才是你一生一世的资本。"

赫本的这句话是要提醒女人们,随着年龄的增长,岁月的流逝,无论美丑,女人的容颜最终都会落到一条线上。换句话来说,长相漂亮的人朝下走,长相不漂亮的人向上走,长相中等的人变化不大,最终大家落入同一条水平线上。女人可以不漂亮,但不能没智慧。作为女人,拥有美貌与年轻当然很好,但拥有智慧更可靠,更经用。

因此,一个女人,无论婚否,都要保持自己的独立性,要有自己的事业,培养和发展自己的兴趣爱好,不要把所有的时间和精力都倾注在男人身上。女人更要不断学习,来完善自己的人格和修养,让自己从内而外散发着气质,让自己成为一本耐读的书。

具体说来,要做个与时俱进的女人,你就需要每天多读书,补充精神营养,滋润干渴的心灵;听音乐丰富情趣,让疲惫的心灵得到放松与慰藉;畅游网络,接受一些新信息、新知识,给自己鼓鼓劲、打打气;适当保养一下自己,照照镜子,看看对自己有没有信心,而不能每天无所事事。人没有远大的理想就要有近期的目标,没有近期的目标,就要有近期的打算,没有近期的打算就要有今天要做什么的想法,过好每一天,过好每一时、每一刻、每一分、每一秒!

❀ 改变不意味着失去自我，而是成就自我的方式

我们都知道"物竞天择，适者生存"的道理。有许多动动物之所以灭绝，是因为它适应不了地球突如其来的变故。而事实上，人类又何尝不是如此呢？在我们周围，就有这样一些苛求安稳的女人，她们的特征大致是顽固、抱残守缺、拒绝学习、不愿意改善自己，长此以往，他们就难以适应工作环境、难以跟得上周围人的变化。于是，环境变了，她们落伍了。因此，作为女人，我们也不要墨守成规、固守自己的生活方式和性格特点，只有不断地适应变化着的环境，才能完善自我，才能在动态的、幻化的变化中，立于不败之地。

实际上，女人在过去很长的一段时间里，被认为是弱者的代名词，这其中很大一部分原因是社会对女性性格上的渴求安稳有很大的关系。而著名主持人陈鲁豫就打破了这一定论，成了一个能驾驭梦想的人。为了实现自己的梦想，她几度调整自己的事业方向。她的这种敢于放弃，敢于重新开始的精神，是很多女人需要学习的。以下是她自己的描述：

进了广播学院（广院）以后，我希望自己有一个很丰富多彩的校园生活，做一个很出风头的大学生，但是广院给了我当头一棒。我不知道天津大学（天大）是不是这样，在广院，每年新生入学的时候都会有一个新生汇演：会有一些新生表演一些节目，也会有一些高年级的学生表演一些节目。我在小学的时候练过一段舞蹈，老师就说："那么你就表演一段舞蹈吧。"我说："好呀。我有一个看家的保留节目叫《敦煌彩塑》，是舞剧《丝路花雨》中的一个独舞。我就表演这个。"我的一个高年级同学知道以后说："你找死呀！"他说："你见过广院的舞台是什么样子的吗？"我说："我见过一些舞台，不知道广院的舞台有什么不同。"他说："广院的舞台不管你是谁，来了就把你灭

掉!"他建议我先看一次,然后再决定上不上广院的舞台。看了以后我就害怕了,以前我从来不会怯场,但是在那一刻,我真的是怯场了,我临阵脱逃。那次演出我说:"我不行,我不想参加了。"后来没有参加。谢天谢地,幸亏我没有参加,因为那是我见过的最可怕的一个舞台:高年级他们的想法就是新生来了我先要把你灭掉——灭掉你们的锐气。所以从那以后,我上过很多的舞台,但是从来也没有上过广院的舞台。而从那一刻也就奠定了我整个大学生活五年的基调:我大学生活过的和我期望的刚好相反,我是一个非常刻苦的,甚至有一些单调的很默默无闻的一个学生。而我不甘愿过那样的日子,因为在我心里有一个特别明确的想法,我有一种直觉就是,我现在一定不要着急。英文里面有一句话叫做:"每个人都有自己的十五分钟。"我想我的这十五分钟会在我的这大学五年里发生。而现在,我有这样一个环境,我有这样一个机会,我所要做的就是学我所能学到的东西,去体验我能体验到的一切。我想有一天属于我的那个机会一定会来临。我不知道那是一个什么样的机会,什么时候会来,但是在我内心深处我一直坚信这一点——它有一天一定会出现。

以上这些都是鲁豫在广院的大学时光发生的,可这就跟鲁豫所说的相同,从那一刻,奠定了她大学努力的学习基调,让她有了今天的成就。

后来,她进入凤凰卫视,当时,凤凰卫视正在初创阶段,员工仅百余个,而当时中央电视台的员工已过万人,因而一些老同事笑她是进了一家"县级台"。

其实,"凤凰"看似小,它的舞台和发展空间却很大,鲁豫如鱼得水。由于主持了《凤凰早班车》奠定了她在国内"说新闻"第一人的地位。然而,3年之后,鲁豫又不愿意"玩"下去了。"这件事情已经完全没有挑战性了,我就想换一种生活方式、换一个前进的方向。"她说。

从鲁豫身上,我们能学到的是,要不断改变自己,有时候,改变并不是失去自我,而是一种成就自我的方式。

那么,具体来说,女人该如何改变,才能不断成就、完善自我呢?

1. 思想观念跟上时代

任何一个人,必须有自己为人处世的原则,必须有自己独立的思想,但同时还必须让自己的思想跟上时代的步伐,及时修正自己观念上的不足,这是一个女人自我完善的重要部分。

2. 找到适合自己的工作,经济独立

任何一个新时代的女性,都知道经济基础决定上层建筑的道理,婚姻生活中也是如此。因此,她们并不会为了爱情或婚姻而放弃事业,相反,她们能平稳地走好这条"钢丝"。

3. 改正自己为人处世方面的缺点

真正聪明、智慧的女人,是不会忘记修炼自己为人处世的能力的,这里的"修炼",自然包括摒弃自己在这方面的不足、改正某些缺点,学习他人的优点等,进而不断完善自我。

作为女人,我们的幸福是掌握在自己手里的,幸福的本位也在于自己。有时候,改变并不意味着失去,而是意味着更好地完善自己!

❋ 21 天养成好习惯,带你走进幸福站台

俗话说,"习惯形成性格,性格决定命运"。而好习惯是后天培养出来的,坏习惯也是可以改变的。作为女人,应该以独具的敏锐的洞察力来审视自己的习惯。我们要相信一点:坏习惯是可以改变的。改变了你的那些瑕疵,你的命运也会如美玉般透亮。

那么,怎样培养一个好的习惯呢?有专家说:"养成习惯的过程虽然是痛苦的,但一个好习惯的养成,将是我们终生的财富。因此,短时间暂时的痛苦,又算得了什么?根据西方人文科学家的研究,一个习惯的培养平均需

要 21 左右,只要我们认真去做,就等于说我们吃了 21 天的苦,却得到了一辈子的甜,这是一个很值得和很高效的事情。此外,任何一个习惯一旦养成,它就是自动化的,如果你不去做反而会感觉很难受,只有做了才会感觉很舒服。"因此,关于好习惯的培养,我们不妨做个自我暗示,对自己说:"21 天后,我将养成好习惯,坚持 21 天,我就会成功。"只需坚持 21 天,就能改变你的意识,影响你的行为,为你带来超乎想象的成功,你又何乐而不为呢?

可能有些女人会产生疑问,到底我们该养成哪些好习惯呢?

1. 养成读书的习惯

有人说,世界有十分美丽,如果没有女人,将失掉七分色彩;女人有十分美丽,但远离书籍,将失掉七分魅力。读书的女人是美丽的,书是女人魅力之路永久的伙伴,读书让女人不再畏惧年龄。女人多读书最大的好处是可以增长知识,陶冶性情,修养身心,坚持不懈地读书学习,便会懂得人生的真谛,充满对美好生活和光明未来的热爱和向往;就会树立自己的理想和自己奋斗的目标,因而就会有终生不衰的前进动力,就会使自己的精神世界得到充实,思想境界得到提高,道德情操得到陶冶,让自己做个魅力永存的女人。

许多婚后的女人,她们只读通俗读物或时尚杂志,这很正常。偏偏有些男人会有些浪漫情结,喜欢诗书文章,并希望自己的伴侣也有此雅好。读书是好事,当然读书不是为了装门面。读书可以让女人免于无知,让女人跟男人有更多的共同话题,还能让女人的气质得到提升。总的来说,还是一种有乐趣、有回报的付出。

2. 听音乐

音乐是女性心灵的伴侣,是女人心事最时尚、最浪漫的表达,也是抚慰女人心灵的和煦之风。音乐能刺激人的感官,激发联想,还能使心灵得到满足,令身体得到放松,并且可以抚慰生活压力下积累起来的紧张情绪,让人精神振奋、欢欣、轻松自如。

大量的科学实验证明,人们在听音乐的时候,在生理会发生很多变化。例如,肌肉电位(紧张度)下降,去甲肾上腺素的含量增加(导致身体放松),内啡肽物质的含量增加(产生愉悦和欢欣感)等。音乐精神减压是音乐治疗的方法之一,是在音乐的生理功能的基础上,融合心理学中的肌肉渐进放松训练技术、催眠以及自由联想技术,帮助人们达到生理和心理的深度放松。

音乐的类别一般可分为古典音乐、现代音乐、民间音乐、西洋音乐、通俗音乐、高雅音乐等,当然,我们大可不必将其放在心上,尽管遵循简单快乐的生活原则,选择自己想要的,欣赏自己喜欢的就好。

3. 做个乐天派

乐观是一种后天技巧,学习乐观有很多种方法。你注意过自己的走路姿态吗?你抬头走路,还是低头走路呢?很多人都是迈着缓慢的小碎步低头走路的。这样的人大部分很悲观。因此,要改变自己,也要从走路姿势开始。

首先,要纠正自己的身体,要昂首挺胸,大步快速地走路。

然后,改变自己的语调,让声音欢快、充满能量。

第三,用快乐的字眼,用"挑战"代替"问题",遇到"损失"的时候,想想这也许是个"机会"。积极的想法和行为都会对大脑产生积极的影响,发出快乐的信号。不过,要达到上述改变,要耐心一些,也许要4~6周的时间才会见效。

4. 尝试新事物

想过吗?学种乐器,学打网球,学习滑雪……尝试一下吧。如果其中的一种让你感到快乐,那就再试试别的。因为,经历丰富的人更容易保持积极的心态。积极情绪和消极情绪的最佳比例是3:1,如果达到1:1的话,很可能导致焦虑和抑郁。

5. 倾诉

无论好事坏事,谈论一下都能让人快乐,即使是在电话里。倾诉的过程都可以影响人的记忆,也就是说,倾诉一段不好的经历,可以让这段不愉快的回忆更快消失。如果有很多不同的倾听者,这种方法最奏效,也就是说,对不同的人重复进行倾诉会让你忘记烦恼,快乐起来。

6. 充满活力,动起来

要重视身体状况,每天细心维护;思想保持健康。保持正确的呼吸习惯,让身体具备充沛的活力;对身体健康充满活力感到无比的高兴;仅摄取有益健康的食物和饮料;每天早晨醒来都觉得健康、充满活力;精力充沛地迎接每一天的到来;深知健康快乐的重要性;重视身体的痊愈能力和活力;永远保持年轻和健康的心;充满活力尽自己应尽的责任;每天晚上睡前,对身体充满健康活力满怀感激。

7. 克服懒惰的习惯

在人生的征途中,勤奋是成功的必要条件之一,与此相对应的懒惰自然就成了成功的大敌。懒惰带来的"自我击败感",这种意识常常导致抑郁、消沉、烦恼、妄自菲薄等种种不良的情绪,它可以使人斗志涣散、精神沮丧,使人感到沉重的精神压力。因此,如果你是个懒惰的女人,你不妨做出以下改变:

不要天天叫外卖;会几道从妈妈那里学来的拿手菜,工作不忙的时候为自己做顿丰盛的好饭,有没有烛光不重要;每天不忘打扮一下自己,让你的亲人朋友看到觉得眼前一亮……

8. 培养点幽默气质

女人的温柔和善良是糖,但一味的甜总有一天会把男人给腻死。幽默气质是盐,它在女人的身体中分布稀少,可一旦存在,就能调出与众不同的味道。

9. 微笑

微笑吧,笑一下不会伤害你。微笑会让你更快乐。无论遭遇到什么事情,当时如果能笑一下,感觉会好得多。微笑,能让机会出现在你的身边。

10. 经常喝水

女人想要保持水灵灵的健康皮肤,就应该多喝水。特别是在早晨,醒来之后喝上一杯水不仅可以帮你醒肤,还可以滋润肠道,有助于一天的排泄。而且勤喝水有助于新陈代谢,帮助排除体内积累的毒素。洗澡前,也不要忘记喝上一杯水,这可以补充在洗澡过程中流失的水分。

总之,没有改变不了的习惯,只有你不想改变的习惯。没有改变不了的性格,只有你不想改变的性格。这些,只要你坚持21天!

❋ 由量到质的飞跃,破茧成蝶的幸福感

中国有句古训:天助自助者。女人的一生是短暂的,青春易逝,年华易老,能为之奋斗的时光屈指可数,作为女人,或许一生当中,我们也和男人一样,都在渴求一个可以让我们"一展英姿"的机遇,然而我们却常常抓不住机遇,这是为什么呢?这是因为我们没有足够的能力留得住机遇。因此,如果你想得到机遇的垂青,就要做到不断地充实自己,积累知识,做到未雨绸缪,然后需要我们静观其变,随时等待机遇的降临,最终我们会感受到那种破茧成蝶的幸福感。

几年前,金玲和很多本科毕业的大学生一样,投身于销售行业的大潮中。但作为家里独身女的她被宠惯了,即使开始工作,也始终没有摆脱上学时娇气的脾气,总认为自己刚刚步入社会,工作中的同事和客户应该把自己当成小妹妹看待,不会刁难自己。她总是认为工作没什么难的,完不成任务时对自己的主管哭诉一下就行了。可是,金玲错了。由于她的工作不积极

主动,她负责的工作业绩直线下滑。当主管找她谈话时,她认为哭诉一下主管就会原谅她。但是,主管不仅没有原谅她,还让她去重新实习。后来,她明白了,在工作中没有人把她当做女人,只有努力积累自己的工作经验,练就一身过硬的本事,靠自己的实力来说话。

后来,金玲开始不断学习,向那些老同事、业绩好的同事学习销售知识,每天晚上都会自己在家充电,将产品知识背得滚瓜烂熟,果然,在接下来的半年里,金玲的销售业绩一下子排到了前面,主管以及所有的同事们都对其刮目相看。此时的金玲终于明白,实力才是硬道理。

接下来短短几年时间,金玲完成了从新手到领导者的完美蜕变。如今的她已经是这家公司的一个中层管理者,她经常对刚参加工作的新人们提到她自制的"3+12法则"。所谓的"3+12法则",就是进入新的企业后利用前3天去适应环境,而之后的12天就用来为自己寻找最佳定位。之后便是设定可行性目标,朝着目标方向不懈地努力。正是这样的独特法则及职场态度,使金玲获得了职场上的成功。

的确,如今是一个靠实力说话的时代。金玲在职场的经历,正证明了这个道理。有了实力,你才会被重视,在工作中,你的意见和建议才会引起上级的关注。实力可以让你体会到工作的乐趣以及自己创造的价值,最关键的是,可以让你获得幸福感。

如何让自己在工作中拥有强大的实力呢?完善自己、充实自己是必不可少的。

那么,作为女性,如何做到充实自己,让自己实现由量到质的飞跃呢?

1. 一切从头学起

在职场中,女人要从头学起。如果你想在IT行业崭露头角,你就应该提高自己的编程能力和组织架构能力;如果你想在金融行业稳稳立足,你就要掌握大量的金融信息;如果你想在旅游行业成为佼佼者,你就要熟练地牢记各个景点以及每个景点的特点……

2. 树立明确的目标

女人同样要有自己的人生目标,没有目标就没有行动、没有动力,而盲目行事往往成少败多。

一般来说,确立任何目标都需要经过周密的考虑。在考虑的过程中,必须遵循以下几个原则:

①量化你的目标

举个很简单的例子,如果你只是要求自己做个"有钱的女人","嫁个有钱人"……那可以肯定的是,你很难达到你的目标,因为你的目标太抽象、太空泛,也极容易发生改变。目标的确定要具体和细化,比如,你的特长是什么?适合从事什么职业?这个月要达到多少销售业绩等。此外,这个目标是否有一半的成功机会,如果没有,请暂时把目标降低,务求使它有一半的成功机会,等它成功后再来调高标准。

②具体时间性原则

你要为完成整个目标定下期限,规定在何时把它完成。你要制订完成过程中的每一个步骤,而且也要为每一个步骤的完成定下期限。

③具体方向性原则

也就是说,你要做什么事,必须十分明确、执著。如果你有一个只有一半机会实现的目标,也就等于有一半机会失败。因为在实现目标的过程中,必然会遇到无数的障碍、困难和痛苦,使你远离或脱离目标路线,所以你必须确实了解自己的目标,必须预料你在实现目标的过程中会遇到什么困难,然后逐一、详尽地把它记录下来,并加以分析、评估风险,把它们依重要性排列起来,与有经验的人研究商讨,将之解决。

3. 可充分利用女性魅力

事实上,许多职业女性"一半是水,一半是火",既不乏温柔、细腻和亲和力,又精明、果断和能干。她们以女性特有的气质、风采,在职场长袖善舞,赢得了事业的成功,获得了令人羡慕的财富。

在很长一段时间里,女人的地位一直都没被肯定,因为她们的定位一直是男人的附庸,联想我们自己的生活现实,不是也有许多优秀的女人在被特定的时间、空间错位后,一样黯淡无光,索然无味?就如现在这个竞争激烈的社会,优秀的女人太多了,如果你不努力,怎能"让一切秀出来"?有谁来发掘你的才华?并不是金子在什么地方都能发光,只有懂得找准自己的位置,发掘自己的长处,让机遇光临你,才能创造你自己的人生价值!

第 5 章

自我意识的建立与巩固,女人昂首阔步迈向幸福

生活中,人们常说"人贵有自知之明",这里的自知之明,涉及的就是自我认知的范畴。任何一个聪明的女人,都应该知道自我认知在人生道路上的重要性。如果你连自己都不认识,又怎么去认识这个世界?又谈何幸福?而这个"明",既表现为如实看到自己的长处,也表现为如实分析自己的短处。如果我们能客观地评价自己,看到自己的优缺点,那么对于我们建立自信、防止自大情绪的出现,都有很大的帮助。因为对女人而言,自信就是最好的化妆品,因为自信的女人懂得自己一举一动、一言一语、一颦一笑之优势,在不经意之间就将女性的魅力展现在人们的眼前。

❋ 自我认知，女人迈向幸福的敲门砖

古人云："见贤思齐，见不贤而内自省也。"《论语》也云："内省不疚，夫何忧何惧"？有智慧的人，却努力地了解自己。任何一个智慧的女人，都知道自我认知在人生道路上的重要性。如果你连自己都不认识，又怎么去认识这个世界？又谈何幸福？而在如今这个浮躁的年代，很多女性往往看不到自身的不足，但是，成就往往喜欢眷顾那些虚怀若谷，并能时常审视自己的女人。

如今，越来越多的女性走上了创业之路，和这些女性一样，小齐结婚后也放弃了继续工作的机会，和几个朋友合开了一个服装设计公司。事业的如火如荼，并没有让小齐觉得很幸福。有一次，下班后，她无意中听到员工们对自己的评价："齐总这个人，虽然工作很努力，但说实话，我不怎么喜欢她，她脾气太坏了，我们是她的下属，又不是签了卖身契。"

"是啊，何止呢？我发现，她还有点小心眼儿，每次发工资的时候，她都会精打细算，会尽量扣除那些零头。"另一个下属接上话。

"还有啊，她很懒，没眼力价，说话太直，还爱占小便宜，办事儿不想后果，总是说错话，一贯的自我感觉良好。自认为自己有那么点小长处，没有底气也敢瞎得瑟，不懂还乐意装懂，还经常大言不惭地看不惯这看不惯那……"

"对，我看她那脾气，她老公估计也受不了，女人毕竟是女人，何必一天弄得跟个女强人似的……"

听完下属们的这一番话，小齐真的震惊了，原来自己是这样的一个人。"看来，我真得反省一下自己了。"

当天晚上，小齐回到家之后，就详细询问了一下丈夫对自己的看法。她

的丈夫是个脾气好、说话客观公正的人,关于妻子的优缺点,他都提出来了:"这么多年,我发现,你是个有魄力的女人……"

可能生活中,很多女性都会遇到和小齐类似的情况,原本"自我感觉良好"的自己,有一天却发现,原来自己有那么多的缺点需要改正。人们常说,人无完人,每个人都是一个独立的个体,都有优缺点,对于自身的优缺点,我们都要客观地看待,这就属于自我认知的范畴。

自我认识,是指主我对客我的认知和评价,即自我认知和自我评价。自我认知是自己对自己身心特征的认识;自我评价是在自我认知的基础上,对自己作出的某种判断,是在客观的自我认知的基础上作出的正确的自我评价。这对于一个人的心理状态、行为表现及协调个人在社会群体中的人际关系,都具有重大的影响作用。一般来说,自我认识主要解决"我是一个什么样的人"的问题,比如有人观察自己的体形,认为属"清瘦型";分析自己的品性,认为自己是个诚实的人;用批评的眼光审视自我时,觉得自己脾气急躁,容易冲动。

例如,如果一个人在社会生活中把自己看做低人一等,没有价值,那么,他就会产生自卑感,做事缺乏能够胜任的信心,没有主动性和积极性,其结果是,无论他做什么事情都难以保证完成的质量。

相反,如果一个人只看到自己的长处,那么,他就会产生盲目乐观的情绪,总是自我欣赏,自以为是,其结果往往是不能处理好人际关系,难以与人合作,或被他人拒绝、被群体所孤立。可见,对自我的客观认知和评价,对一个人的健康发展有着不可忽视的影响。

下面就女人的一些共有缺点做出如下的归纳:

1. 情绪化

估计很多女性都无法完全做到控制自己的情绪,无论是在工作中还是在生活中。尤其是在面对困难和分歧时,女性很容易产生失望、猜忌、愤怒等情绪,但一定要记住:这些情绪只会严重损耗你的判断能力,令你失控,从而导致错误的判断和决策,等你慢慢平静下来后,就会发现,受情绪驱动作出的决定有多么愚蠢。

2. 肚量小

女性最容易犯的错误是听不得反对声,很容易将别人的意见当做对自己的否定,即便征询了别人的意见也不会真的听取。其实,这样做是很不明智的,女人一定要真正欢迎逆耳之言,这可以使自己的决策更加全面和人性化,最大限度地降低失误的概率。胸怀宽广,伸开双臂,这样你才能拥抱更多的机会,接纳更多意见和建议,聆听各种不同的声音。

3. 易把工作带入家庭之中

在工作之外的家庭关系中,女性多半扮演着"协调者"的角色。可是一些成功的女性在家中也以管理者自居,喜欢对丈夫及家人发"号施令",这就很容易引发家庭矛盾。还有些成功女性对工作以外的事情一概没兴趣,每天晚上加班到10点,回家倒头便睡,周末不是出差就是应酬。实际上这是一个误区,她把追求成功当做了毕生的目标,而不是换取美好生活的工具。确实,工作的目标就是追求成功,但成功不代表就要牺牲掉享受生活。其实一切都要回到"生活"这条轨迹。女性在家庭中的角色应该是"快乐制造者",有义务为家人安排丰富多彩的活动等。

4. 不能正确看待成败得失

成功固然重要,但更重要的是学会如何对待成败,否则即便事业成功却失去了生活的快乐,你会更觉得空虚、无聊,然后继续用工作来填满你的时间和空间。你务必要清楚,成功以后,你要做什么来丰富生活以及怎么做,这才是生活的终极目标。

当然,以上这四点只是一个简单的概括,并不能代表全部,另外,除了缺点,女人同样有很多耀眼的长处。但不管怎样,作为女人,我们都要清醒地认识自己,承认自己的缺点,也要看到自己的优点,做到深刻地自我认知,只有这样,才能拿到迈向幸福的敲门砖。

❋ 女人不可丢失"自信"这颗永葆幸福的灵丹

无论是在机遇和挑战并存的职场,还是在平平淡淡的日常生活中,我们都会看到一些很奇怪的现象:有些自身素质很高、秀外慧中、多才多艺的女人,常常被能力、修养、相貌都远远不如她们的女人打败。这是为什么呢?仔细分析,你会发现,这些女人之所以被打败,并不是因为她们没有能力,而是因为她们自身的不自信,她们不能正视自己的能力,凡事表现得矜持稳重,不敢随意跳出自己设置的圈子,害怕闹出什么差错,损害自身的形象,引来别人的嘲笑。

自信、大胆展现自己,勇于追求人生梦想,已经逐渐成为现代女性的主流思想。很多女人都懂得人生在世,最不可丢失的就是自信这颗永葆幸福的灵丹。

三年前,钟红和陈晓,同时被一家大型企业录用。在校时,她们都是才思敏捷、成绩优异的好学生。但是参加工作以后,仅仅才过两三年,她们的薪资待遇和岗位级别就有了很大差别。

钟红是学会计的,自然进了公司的财务部,但一直以来和数字打交道的她显得木讷、内敛,甚至有点自卑,给人的印象就是不太合群、不大吭声,也很少参加单位组织的各项活动。事实上,在公司工作的三年里,她一直努力工作,在专业能力上可以说早已超过了其他同事。但是并没有得到领导的肯定和赏识。

有空的时候,她经常想:"如果哪一天老总找我单独谈话,借着向他汇报工作情况的机会,我就可以好好展示一下自己的才干了!"可是,每次老总来视察的时候,当其他同事都从座位上站起来,不是跑过去打招呼就是端茶倒水时,她连大气都不敢出,更别说与老总寒暄了。

相反，陈晓则与钟红不一样，她在大学学的是市场营销，也自然进了公司的市场部。几年与客户打交道的经验，已经让她知道怎么自信地表现自己的能力。她刚进公司没多久，就主动跟公司的老总交流，并为如何搞好市场提出了自己的一些方案。

渐渐地，老总越来越欣赏她。有一天，老总找她长谈了一次，了解了她的工作情况和她的才干。很快，陈晓如愿以偿，在公司里争取到了更好的职位和发展空间。

钟红为两人的差距感到很困惑，不知道为什么会出现这样的结果。后来，公司与另外一家兄弟公司举办了一次联谊活动，她发现，总是有很多男性围在陈晓周围，而自己只能孤独地坐在角落里。她知道，自己的确长得比陈晓漂亮，但在自己的眼里，怎么就没有陈晓眼里那种熠熠生辉的光芒呢？她终于知道，那就是自信吧。

这个故事中，我们发现，钟红和陈晓同时进入这一家公司，同样具备某些方面的能力，但却有着完全不同的职场命运？这是为什么呢？陈晓明明在外貌上不如钟红，为什么能获得异性的青睐呢？很简单，在陈晓身上，有钟红所没有的一种气质，那就是自信，所以，她是美丽的、大方的。而钟红，则让自卑掩盖了自己所有的美丽，掩盖了自己的才能！

上帝对每个女人都是公平的，对每个女人又不是面面俱到的，所以女人要用自信和宽容来面对这个世界，只有聪明的女人才能被幸福青睐。自信能让女人焕发出独特的气质，从而让女人更加美丽；自信的女人，总是能够精神焕发、昂首挺胸、神采奕奕、信心十足地投入到生活和工作当中去；自信的女人不惧怕失败。她们用积极的心态面对现实生活中的不幸和挫折，她们用微笑面对扑面而来的冷嘲热讽，她们用实际行动维护自己的尊严。这一切都淋漓尽致地表现出自信女人的气质，表现出自信女人的一种坦诚、坚定而执著的向上精神。

要做自信的女人，你需要做到如下几点：

1. 正确地审视自己的能力

如果你很想做一件事情,却不敢站出来,也不敢表露自己的意愿,最终肯定是"无可奈何花落去","一江春水向东流",落得个自怨自艾。如果你不勇敢地走出自己设置的心理障碍,不主动地展示自己,那么你真的很难成功。

你要随时告诉自己:"我有实力和优势,我的人品和操守足以让人信赖;我有专业能力和无限的潜力,我是最棒的!"你必须有自信心,对认准的目标有大无畏的气概,怀着必胜的决心,主动积极地争取。

2. 果断积极,充满创新意识

这其实是现代人最先进、最出效果的状态。行事干练果断,决不拖泥带水,从自我出发,没有自满,不因循守旧,重视创造性。只有不断地为自己创新,才会有更新的价值的体现。

3. 做好各项充分的准备

"胆大"的同时还要"心细"。大胆的前提是细致谋划,这体现了一个人非常重要的办事能力。成熟的女人从不打无准备之仗,她们总是在做好各方面的准备之后,再迎难而上。

所以,你要认真地检查自己:外在的形象是不是无可挑剔,走路的时候是不是昂首挺胸,意气风发?你的表情是不是很轻松自然?挑战难题时,各项数据和资料是否已经准备齐全?

4. 时时不忘充电

在如此快节奏的今天,不进则退是必然的生存法则,我们必须不断地自我充实、提升自我的知识和技能,不甘于陷入故步自封的困境。

相较于男人,女人在精力与体力上也许没有天生的优势,但绝对应该相信后天的创造,头脑风暴绝对没有男女之分,功成名就同样属于自信的女人。

❋ 自卑会夺走女人的所有美丽

《鲁豫有约》主持人陈鲁豫说过一句话:"自信是最好的化妆品,时尚不等于时髦,时尚是一种生活状态,一种气质。时尚的人从整体上看应该富有朝气和生机,对社会充满了好奇。时尚应该是深层次的,不是短暂盲目地跟风。"可能很多女人认为,时尚的女人是美丽的,但实际上,自信的女人才最美丽。正是这种内在和外在兼有的自信,让鲁豫在自己的舞台上熠熠生辉。也就是说,如果一个女人自卑,那么,无论她的外表怎么时尚,她的美丽也会被自卑掠走。

曾看到这样的一个小故事:有一个女孩子名叫芳,长相平平,在美女如云的班级里,她只是一棵不起眼的小草儿;成绩平平,无法让视分数如宝的老师青睐;不会唱歌,也不会跳舞,除了会写几首浪漫小诗给自己看外,没其他特别突出的技能。芳心里很寂寞,没有男孩子追,没有同学和她做朋友。

有一天清晨,她拉开门,惊讶地发现门口摆着一束娇艳欲滴的红玫瑰,旁边还有一张小小的卡片。她迅速地将花和卡片拿到自己的房间,轻轻地打开卡片。上面有几行字,是这样写的:

"其实一直以来我都想对你说一声:我喜欢你。但却没有勇气,因为你的一切让我深感自卑。你那平静如水的眼神,你优美的文笔,你高雅的气质,让我很难忘记。所以,我只能默默地看着你。——一个喜欢你的男生"

芳的心怦怦直跳,没想到自己还有那么多的优点,自己原来并不是一个毫不起眼的人啊。从那以后,芳开始主动和同学交谈,成绩也渐渐上升,慢慢地,老师和同学都很喜欢她。高中毕业以后,她考上了大学,凭着那份自信,她在学校中尽情发挥自己的才能,赢得许多男生的追求。大学毕业后,她找了一份很满意的工作,并且找了一个深爱她的丈夫。

芳一直有一个心愿，就是找出那个给她送花的人，想感谢他让她重新找回了自信，要不是那朵花，现在或许一切都只是希望和等待。有一天，无意间，她听到她爸妈的谈话。她妈说："当年你想的招儿还真有用，一朵玫瑰花就改变了她的生活。"

芳不禁愕然，怪不得那字看起来像被人故意用宋体写的……但一朵玫瑰花的作用真有那么大吗？不，其实是自信转变了芳的生活。

不难发现，在相貌上不如意的女人更容易自卑，这种自卑是一个恶性循环的过程。自卑的女人黯淡无光，不愿意抬起头来表现自己，即使有出众的能力也被埋没，而这又加剧了他的自卑情绪。

可能在生活中，很多女人认为：爱打扮的女人最美，时尚的女人最美，而实际上，只有自信才是女人最好的化妆品，自卑只会掠夺女人的所有美丽。同时，自信是克服自卑最有力的武器，你觉得自己是什么样的人，自己就会成为什么样的人。你自卑，那么你将一事无成；你自信，那么你就会在人生的道路上实现你的价值。尽管苏格兰哲学家卡莱尔曾说过："自卑和自我怀疑是人类最难征服的弱点。"但自卑的习惯并非不可消除，也并不可怕。具有良好心理素质的人对自卑具有极强的自控能力，他们的成功都是建立在自信的基础上的。成功者的成功之处，正是在于他们能够克服自卑的心理，超越自卑。一个人只要相信自己行，就一定行，因为自信能使他充分发挥自己的潜能，想方设法达到自己的目的。那么，如果你是个自卑的女人，怎样才能摒除自卑，重新找回自己的自信与美丽呢？

1. 注意自己的仪表，树立自信的外表

走路正视前方，说话正视别人的眼睛；注意锻炼，保持健美的身材和健康的身体，积极的心理状态。什么场合穿什么样的服装也是有讲究的：在比较正式的场合你穿得很随意，看看周围人你就会感觉不自在，这样的不自在就会让你感觉紧张，总去想别人怎么笑我穿成这个样子，所以也就没有心情去和别人交流；相反，一个很随意的场合你穿得很正式，反而显得你做作。

总之,自己的仪表一定要适合场合,适合自己的身份。

2. 看到自己的长处

一般情况下,每个人都是根据他人对自己的评价和通过自己与他人的比较来认识自己的长处和短处的。有的人在与他人比较的过程中,多习惯用自己的短处与他人的长处相比较。结果,越比较越觉得自己不如人,越比越泄气。由此只看到了自己的不足,而忽视了自己的长处,久而久之就会产生自卑感。

3. 要正视挫折

在人生的旅途中,女人也会经历各种挫折,如遭受失败、失恋、学习及工作的不如意、不顺心等。挫折会使你有各种反应,有的女人在挫折中得到了锻炼,增强了对环境的适应能力,有的人则变得消沉、冷漠。更有甚者,对微弱的挫折也难以忍受,这就很容易给自己蒙上自卑的阴影。

不为自卑心所缠绕,在事业上有所成就,就必须养成坚强的习惯。心理学家认为:一个女人如果自惭形秽,那她就不会成为一个美人;如果她觉得自己心地不善良,即使在心底隐隐地有此种感觉,那她也成不了善良的人;如果她不相信自己的能力,那她就永远不会是事业上的成功者。从这个意义上说,如果你是个自卑的女人,那么,树立自信心是战胜自卑感的最好方法。

❋ 关注自己,不断了解和挖掘自身潜能

自信,是一种对自己的素质、能力作积极评价的稳定的心理状态,即相信自己有能力实现自己既定目标的心理倾向,是建立在对自己正确认知基础上的、对自己实力的正确估计和积极肯定,是自我意识的重要成分。自卑主要表现在认知上不欣赏自己,看不到自己的优点,不相信自己的能力,甚

至贬低自己,以至于面对别人的肯定和赞扬时也可能不知所措,不能坦然接受;行为退缩,因为害怕犯错误或遭遇失败而不敢做事,与人交往时显得被动等。作为一个女人,魅力的源泉就是自信,然而,恩格斯说过:"人的智力是按照人如何学会改变自然界而发展的。"我们可以发现,要想做个自信的女人,要想成功,最重要的还是体现在行动上;一个女人要想能脱颖而出,就必须努力,必须不断了解和挖掘自身的潜能。

姚颖从小就是个自信、大胆的女孩子。大学毕业后,她进了一家电子公司的行政部门,从事文职方面的工作。刚开始,在行政部,有很多同事办事的速度都比她快,做方案的能力也更强。看来,如果她想在公司里站住脚,就需要好好下一番工夫。可是,一年过去了,她仍然只是一名普通的职员。

有一天,老总召集全体员工开会,说:"按照公司目前的状况,我发现,公司的行政人员已经够多了,但是业务部却缺少独当一面的能人。我想从你们这几个人里面抽调几名去跑业务,你们有谁愿意吗?"

当时,行政部足足有二十几个人,老总的意思是调出四五个来。于是,他逐个征询在座行政人员的意见,但他们都推说自己对业务部的流程一窍不通,难以胜任。其实,他们都认为自己是"学院派"、科班出身,怎么能走街串巷、满脸堆笑地揽活呢?

这时,姚颖猛地站起来,自告奋勇地说:"老总,我愿意!"因为她相信自己同样能胜任市场方面的工作,这远比在"毫无出息"的行政部门更能体现自己的能力。于是,她马上被调到业务部工作。对于她来说,这是十分陌生的工作岗位,很多事情都让她感到晕头转向。她必须迅速适应周围的一切,尽快建立自己的客户网络,扩大自己业务的成交量。

姚颖开始走出办公室,主动和别人商谈合作事宜,了解市场上的价格与折扣。她成了个大忙人,她不仅要负责业务部的大小事务,还要将自己针对公司的每一项产品所得到的实地调查情况,做成书面报告交给老总,以便于公司开展下一步具体的工作。

如今,姚颖在业务部已经工作四年了,她已建立了稳固的客户群,同时又让其他业务人员充分施展了自己的才干。大家团结合作,创造了前所未有的业绩,使公司上上下下的人都对她刮目相看。

这时,公司正准备起用一些年轻骨干加入管理层,领导们都不约而同地想到了姚颖。领导们都认为她有才干、勤奋努力,为公司创造了巨大的效益。公司老总对她的印象最深刻,因为几年前只有姚颖大胆地站出来,承担这份棘手的工作,她确实是一位敢作敢为的现代女性。

在这个职场故事中,姚颖顺理成章地进入了管理层,而当初和她坐在同一间办公室的同事们,却还在从事原来的工作。她靠着自己的无所畏惧,敢于任事,才抢占到先机,让自己在竞争激烈的环境中脱颖而出,成为领导们眼里的宠儿。

在经济飞速发展的今天,各种机遇和挑战无处不在。女人们不妨大胆一点,多给自己一些尝试的机会。初登舞台,放低姿态;站稳脚跟,慢慢发展;等到机会出现,就一定要大胆出击。有了这种敢于冒险、勇于迎难而上的精神,女人才能够创造奇迹。

自信是对自己的高度肯定,是成功的基石,是一种发自内心的强烈信念。女人更需要自信,无论在生活中还是在工作中,一个自信的女人,常看到事情的光明面,必能尊重自己的价值,同时也尊重他人的价值。因为自信是个人毅力的发挥,也是一种能力的表现,更是激发个人潜能的泉源。女人要明白,只有抬起头,机会才会找到你。

那么,作为女性,我们怎样才能不断挖掘自身潜能呢?

1. 不断学习,让自己具有硬实力

当领导挑选人才时,首先看重的是一个人的真才实学。在当今社会,知识显然是一个人拥有自信的首要必备条件,知识会塑造出一个高品质的女人,而以知识创造财富则会令你立足于不败之地。所以在今天,素质决定着命运。当然,在具备这点后,你就要实事求是、积极主动地表现自己的长处、才干,并适当表达自己的愿望,这样才能让别人更加了解你,也才能给予你更多机会。

2.不断挑战自己

在这个快节奏、高效率的时代,任何一个人要想脱颖而出、要想进步,就必须要做到不断挑战自己,要知道,一个人的能力是需要不断挖掘的,女性同样可以和男性一样在职场、事业上不断彰显自己的能力和价值。

不错,女人是娇弱的,但女人不柔弱,你只有关注自己,不断了解自己,挖掘自身潜能,才能大方、自信地表现自己,这样机会才会找到你,你也才有成功的可能!

❀ 绝不扭捏退却,昂起身姿大方行事

自古以来,人们对女性的要求是:女人要内敛,甚至有"三寸金莲小碎步","笑不露齿"之说。这样的女人,似乎就是好女人的典范,但在经济日益发达的今天,女人早已走出厨房、走出家门,和男性一样在职场上拼搏。这样女人必须自信地面对他人,因为只有自信的女人才能昂首挺胸地面对任何事。而扭捏推却则是不自信的表现,试想,有谁会让一个不自信的女人担当重任呢?因此,从现在起,女人们,无论你的长相、能力如何,你都要自信地抬起头,无论做人还是做事,都要昂起身姿,彰显你的大方姿态。

小蕾是个很勤奋的姑娘,但就是有个缺点,那就是有点害羞,甚至做事扭捏。她在现在这家广告公司已经工作了五六年了,但这么长时间以来,公司也没交给他什么重要任务,尽管公司同事以及老板对他的人品以及工作努力程度都比较认可。

而最近,似乎她的好运来了,在公司的选举大会上,她有幸被同事们推荐为新的部门副主管,这下子,之后她总算进入了中层管理人员的行列。之

后,她好运连连,公司还给她安排了去法国总部进修的机会。

这个消息刚刚传出来,很多人马上急红了眼。他们当然也非常想去,就纷纷往副总和老总的办公室跑。

这天,小蕾正在忙着搜集资料,人事部经理突然打电话让她过去一趟。当小蕾坐定后,经理笑着说:"这次你被老总点名派去法国进修,说明公司对你个人的成长和发展寄了厚望。但是,这几天,有很多资历比你强的老员工不断给我打电话,让我十分为难!毕竟他们的资历真的比你老,而你知道,我一直非常器重你。如果这次你愿意让步,下次我一定会推荐你!"

刚听领导说完,小蕾就懵了,不知道怎么回答,站在那里发呆。于是,接下来,人事部经理就让她回去好好考虑一下。她走到写字楼外面,不知怎么办,思前想后,她给自己的好朋友万云打了电话,希望她能给自己指条明路,因为万云从来都是个很有主见的人。

万云听她说了个大概,马上就笑了:"如果你让出这次机会,你觉得别人在背后会怎么议论你?"小蕾没明白过来,说:"我怎么知道啊?"

万云叹了口气,说:"你以为别人会说你心地善良、高风亮节、大公无私、先人后己吗?当然不是,知道这件事的人会说你傻、缺心眼、没脑子。你把到手的机会拱手让人,他不仅不会感激你,而且还会说你是个白痴、大笨蛋。而你的领导,也可能认为你缺乏干练的工作能力,你认为他下次会真的会把机会留给你?你就别做梦了。"

小蕾急了:"领导还等着我回复呢!我要是不答应,这不是给他难堪吗?"

万云说:"你千万要小心,我劝你还是尽快直接说自己需要这次机会,否则,经理可能还会认为你扭捏作态呢。再说,万一这是他试探你呢?如果你真的退让了,让别人拿走本该属于你的机会,以后他会稳稳当当地继续当领导,或者升职调去其他部门,那么你能剩下什么、得到什么?等到下次,说不定又有人要跟你抢呢。"

小蕾觉得万云的话很有道理,于是,就采纳了她的意见,回复人事部经理说:"我很感激公司和经理对自己的栽培,我很珍惜这次出国进修的机会,希望……"

进修回来后的小蕾果然干练、大方多了,少了很多过去的稚气。

的确,不管在哪种场合,扭捏退让并不是女人的一种美德。故事里的人事部经理劝说小蕾将去法国研修的机会让给其他同事,并承诺以后再推荐她,但是谁能保证下次她还有同样的机会?

可见,只有大方为事,只有自信,才能让别人相信你。生活中,作为女人,我们可能更在意别人对我们的评价,我们无时无刻不在展现我们的心态,无时无刻不在表现希望或担忧。但如果别人不相信我们,如果别人因为我们的思想经常表现出消极软弱,而认为我们无能和胆小,那么,我们将永远不可能担当大任。

心理学家认为,内控的人认为自己可以掌握一切,外控的人认为自己事事受制于人。如果你不将自己的扭捏推却克服,并且也不愿意去克服,那么谁也无能为力。

以下是克服这一错误意识的几种方法,你不妨尝试一下:

1. 改变对自己的看法

那些扭捏的女人,多半都认为周围的人很在意他,其实,这只是一种病态的心理。

2. 理性地看待别人对自己的批评

对待别人的批评时,我们要采取理性的态度,因为遇到别人批评是免不了的。如果你对别人的批评很在意,心理上就会很难过,且愈争辩就愈说不清;如果你以理性的态度、开放的心情去接受,心情反而会坦然。

3. 逐渐进入扮演的角色

当你要找工作,要面对陌生人,或是要相亲时,你可以事先扮演角色——利用空椅子的方法,和令你害羞的人对话。用这种方法可以独自一人扮演两个角色:我和对方(空椅子),也可以两人扮演。演出的结果是:你有备而去,那时你害羞的程度自然就会减轻。

4. 放松自己

有的女性当众讲话,觉得十分痛苦;自我介绍时,会十分紧张;她不敢去接触别人;如果别人稍稍接近她,她就立即躲避起来。像这种女人,如何才能克服她的扭捏呢?可以用假按摩、真放松的方法:假想大家先围成一圈,然后每个人闭起眼睛,把双手放在前面一个人的肩上,慢慢地替他按摩,由肩移至腋下,然后再一次由肩按摩起,直到你想象自己的腋下被人搔得想笑。这样,因为想笑而放松了自己,你自然就不会再害羞了。

以上几点方法可以在一定程度上帮助你克服生活、工作中的扭捏推却,让你昂起身姿大方为事!

❋ 瑕不掩瑜,承认不足但不失自信

任何一个女人,都知道"人无完人"的道理,但现实生活中,还是有很大一部分女人,因为自身的某些不足,比如,外表不够漂亮、学历不够高、某项能力不如人或因身体上的缺陷而自卑,因为这些所谓的不足,她们看不到自身的优点和长处,他们自怨自艾,不愿主动出击,就这样,有时候,当幸福已经敲响她的门时,她却浑然不知,白白让幸福溜走,给自己留下遗憾。

据美国《新闻周刊》报道,女性成功有十大秘诀,而其中,表现自信最重要。在 2010 年,中国青年报社会调查中心通过对全国 2845 名公众的调查显示,自信、善良、有气质分别以 80.7%、65.4% 和 65.2% 的支持率荣膺 2009 女性之美的前三名。可见,作为女人,自信始终是你最美丽的外衣。任何人都存在某些不足,你也不需要放大自己的不足,而忽视了自己的魅力,更不要因为自卑而放慢追求幸福的脚步。下面是一个离异女人在追求人生幸福路上的一段心事：

"2004年，我结束了12年的婚姻，并且我要了女儿的抚养权。离婚后，我的生活态度仍然积极，以至于很多同事根本不知道我离婚这回事。我一直以为，婚姻只是生活的一部分，并不是全部。后来，有一个偶然的机会，我认识了一个比我小10岁的男生。正是因为年龄的差距，我和他聊天没有什么顾忌，彼此很谈得来。从小我是受着很正统的教育长大的，根本没有想到姐弟恋之类的事情会发生在我身上。可随着彼此了解的加深，他不顾年龄的差距，开始追求我。

开始，我也是犹豫不定。虽然我觉得他也不错，可我感觉世俗的压力太大，不肯接受他。在他锲而不舍的追求下，我们开始了恋爱。说真的，我觉得很甜蜜。可周围很多人不看好我们，我的家人也都不同意，因为他年龄小，怕以后变数大。这种担心，我自己也不是没有，但我想的更多的是：他能这样爱我，是因为我本身很优秀，起码有很多优秀的品质。

为什么女人离了婚，就老要怀疑自己的魅力呢？女人一定要自信，特别是离婚女人。我觉得，很多离了婚的女性，是自己降低了自己的标准，总觉得自己是离过婚，便低人一等。感情是需要经营的，在我们确定了一段时间的恋爱关系后，我们便结婚了。现在，我们很幸福。对于我们之间的这种年纪差距，我并不自卑。而且，我放平了自己的心态，我不觉得比他大，就要像个妈妈或是姐姐似的，事事关心。希望所有的离异女人都能和我一样，再次找到幸福婚姻吧，希望女人们都要自信起来……"

从这段心事表白中，我们发现，这个女人是自信的、勇敢的，她并不因为自己离异、年纪大而自卑，她的努力获得了回报，她找到了属于自己的一段新婚姻，正如她希望的，不管什么时候，不管你的自身状况如何，女人都要自信。

那么，我们如何才能正视自己的不足，找到自信呢？

1. 完善自己，弥补某些可弥补的不足

这些不足,指的是如学识、技能、素质等是可以通过后天的努力弥补的。即使对于一直在职场中的女性也应该这样,不断充实自己的知识,提高自己的能力。

2. 主动出击,赢得注意力

从现在起,不要因为自己不够美丽而把自己藏在某个角落里了,不要再孤芳自赏了,主动出击吧。你可以主动向你心仪的男士发出邀请;你可以主动定期向老板报告你的最新工作绩效,表现自己优秀的领导能力;同时主动与其他相关部门建立关系,介绍你的职务,让他们了解你能为他们做什么,你有什么资源可以分享。让他人看到你的自信,这样,你就能获得一种别样幸福的人生!

❀ 自信不自大,在谦卑中进步

任何一个女人都知道,自信就是自己信得过自己,自己看得起自己。而且别人看得起自己,不如自己看得起自己。美国作家爱默生说:"自信是成功的第一秘诀。"又说:"自信是英雄主义的本质。"人们常常把自信比作发挥主观能动性的闸门,启动聪明才智的马达,这是很有道理的。确立自信心,就要正确地评价自己,发现自己的长处,肯定自己的能力。但在很多时候,自信与自负只有一线之差,自信的女人予人好感,自负的女人令人厌烦。

"我就是胖,可是我会减肥。我就是龅牙,可是我会戴牙套。喜欢他,那就追啊!"台湾综艺节目主持人小S(徐熙娣)的宣言,被很多女性奉为经典,为了美丽和爱情,她屡败屡战,终于嫁给白马王子。很多女人都羡慕小S的自信,她美丽,更可贵的是她特别有张力,有自己的想法,虽然已经在主持界享有声望,但并没有被禁锢在象牙塔之中,而是懂得发掘社会资源,坚持自己的主持风格,同时家庭关系也处理得很好。屏幕上的小S很有激情,思路敏捷却不咄咄逼人,轻松自信却不张扬,那份含蓄的、东方的美在不经意间散发出柔和的光彩;生活中的小S和屏幕上的并没有什么不同,言语中也不乏坦诚与幽默。

凤凰卫视主持人陈鲁豫对于自信也有自己的理解,关于这点,她是这样把握度的:"首先,我天生比较开朗,在工作的时候对自己和周围的同事要求很高。但是随着年龄的增长,我越来越懂得'宽容'的含义,要多从对方的角度来考虑,成名后的我很注意自己的对外形象,比较收敛,不要给别人过多的压力。"

女人自信固然可贵,但如果自信过了头,成为一种自负与狂妄,那就确实不讨喜。虽然,有时人跟人之间会因认知观念不同,使自己的自信到了别人眼里成了自负,这种事无法避免,因为人们对"自信"的定义可能有所不同。然而,如果要以中立的立场来谈,"自信"是一种内在的、关乎个人的态度;而"自负"是外放并会影响他人的态度;如果自负到了批判与伤害他人的程度,就称得上无礼的"狂妄"了。

那么,新时代的女人们,我们该如何做到自信不自大呢?

1. 自信却不张狂

自信的女人一定有她别样的魅力。因为她懂得自己一举一动、一言一语、一颦一笑的优势,在不经意间就将自己的魅力展现在人们的眼前。但这种自信却不能延伸到张狂的地步,譬如对于男人,不是把他们压迫在自己的霸权之下,而是要活得跟他们一样的舒展。自信,不是自大,而是自我肯定,也只有自我肯定才会得到别人的肯定和赞赏。

2. 要有自知之"明"

人们常说人贵有自知之明,这个"明",既表现为如实地看到自己长处,也表现为如实地分析自己的短处。如果只看到自己的短处,似乎是谦虚,实际上是自卑心理在作怪。而如果只看得到自己的长处,那么就是自大。"尺有所短,寸有所长"。每个人都有自己的优势和长处。如果我们能客观地评估自己,在找出自己的长处和优势的同时,也能看到自己的缺点和短处,那么便能很好地弥补自己的不足。

3. 兼听则明

那些谦卑、成功的女性一般都善于倾听各方面的意见、进行周密地思考,并归纳出哪些事可行、哪些事不可行的一套完全属于她自己的见解。在思考问题的过程中,她会考虑到"得失利弊"、会考虑到"差之毫厘、失之千里"、"真理若往前再跨越一步就是谬误"……等这些细微的、甚至为一般人所考虑不到的问题。她们最大的特点就是善于倾听各方面的意见和建议,敢于坚持真理。

4. 表达感激,不要认为爱人的付出理所当然

婚姻大概是最有效也最具挑战性的塑造性格的训练营。与伴侣相处让我们有机会锻炼自我的控制能力,培养爱心,学会尊重对方。例如,有时候你会面临选择——要么对对方发火,要么跟他沟通下你的愤怒;另外,你要做的选择是把伴侣的付出当做理所当然,还是对他表达感激之情。

不要把对伴侣的付出当成理所当然,这在婚姻的五大禁忌中尤显重要。克服这点的唯一方式是采取积极的行动——表达感激之情。要么认为是理所当然,要么认可他对你的善意,期间没有中间地带。这也是女人经营家庭、表达"谦卑"的最好的方式。要做到发自内心地想要去赞美伴侣,你必须摒弃三种消极态度——自认为对某些事情享有权力、不切实际地期望和有意识地健忘。

5. 谦卑并不意味着活在别人的眼光中

当你能拿捏好你自信的尺度,就没有人能干涉你的生活态度;就算有,也许是对方嫉妒你,因为他本身缺乏自信,所以看不惯你的神采奕奕,对于这样的人,你应该多同情但不去计较,因为他的心态太贫穷,而且没有人能救得了他;你不需要因为比乞丐富有而感到抱歉,尤其这是你努力争取、应得的成果,过好你的人生才是最重要的。

总之,女人的信心十足不等同于自高自大自我浮夸,只有抱着谦卑的态度,你才能不断进步!

❋ 不要包裹上依赖的"糖衣",女人要自立

自古以来,女人仿佛天生就应该受到爱惜与保护,仿佛生来就应该是男人的附属,她们似乎可以理直气壮地扮演着"胆小鬼"的角色。生活中,的确有一些女人看到蟑螂、老鼠等会惊恐地尖叫一声。不过,她们的胆小也体现着她们的可爱,能激起男人的保护欲。但是,在这个竞争激烈的社会,有时候仅有"可爱"是不管用的,因为一旦步入社会,你就要面对那些跟你具有竞争关系的其他人。女人应靠自己的胆量去实现美好的愿望,而不要在男人安逸的怀抱中虚度青春年华,每个女人都要做到自立。

一般情况下,无论是职业女性还是欲投入职场的家庭主妇,都希望有更多时间陪伴丈夫和孩子,兼顾家庭和事业。她们认为,作为一个女人,就应该凡事顺从,操持家务属于天经地义,而不低眉顺眼、敢于顶嘴就是离经叛道,夫家就应该享受媳妇的劳动成果。她们努力按传统的"好媳妇"模式,让自己做得更好,把丈夫和公婆照顾得无微不至,对他们有求必应。也许刚开始,她们的努力获得了丈夫的表扬,于是她们也心甘情愿地围绕在他们身边,似乎家庭就是整个世界。然而,时间长了,当丈夫把这一切当成理所当然的时候,自己一旦稍微不符合丈夫的要求,就会受到丈夫的责怪,还可能被贴上一个"不贤惠"的标签。

"我是一个四川妹子,一直以来的家庭教育就是以家庭为主,要从小学会做家务、做饭、料理家事,我一直也以为,女人家的,其实最主要的还是家庭,可是当我走向社会,现实的生活却让我不得不改变初衷。刚进入社会,没人帮忙,我从最底层做起,从一千元开始,慢慢地积累社会经验,当我刚有

成就的时候,却因为家里的问题而被迫成家。曾有那么一段时间,我真的以为自己好幸福,做一个小女人也就好了,可是事实却不得不让我领悟,原来这小女人也不好做。于是,我发奋,我图强,事业慢慢地起步。可以说,为了生活能够更快地改善,我把精力都放在了事业上。我从刚开始的一穷二白变富裕了。我想,我该退居幕后了,等到我怀孕后,为了孩子,为了家庭,我毅然放弃了自己的事业,我想,生活已经有所改善了,我需要以家庭为主了,就把这守业的工作留给丈夫吧。如同盖楼一样,我把地基打好了,剩余的就留给另一半了。我安逸地享受着小女人的生活,细心地照顾家庭和孩子,可是在这个时候,却发现了我最不想发现的事情。他居然背弃了我们之间的诺言,拿着我辛苦几年的血汗,挥霍到另一个女人身上。为什么会这样呢?"

这是很多女人发出的感叹。从这里,我们可以发现,一个女人,如果完全把自己安置于家庭中,太过依赖丈夫,就会引发一系列家庭问题;当然,完全抛弃家庭,为事业奔波,也不是幸福的模式。

家庭生活的幸福对女性来说非常的重要,但是作为现代女性,我们一定要做到精神上的独立,要有自己独立的经济和生活空间。但是,毕竟每个人的精力和时间都是有限的,对于女性来说,要兼顾家庭和事业,让两者协调发展是很有难度的,因为在现实中,两者往往容易形成矛盾。我们常常会因为家庭与事业之间的不协调而发生冲突。

第 6 章

女人修炼完美心性，用心感知才能得到幸福

生活中，有这样一些女人：她们有的整日愁眉苦脸，小小的事情就能使她们不安、紧张到极点，几乎每一件事情，都会在她们的心中盘踞很久，造成坏心情，影响生活和工作；有的脾气暴躁，一点小事就会触及她们的神经，甚至与人怒目相向；有的总是不断地抱怨生活、抱怨孩子不听话、丈夫不体贴、房子不够大等；有的心眼如针，一旦发现他人犯错，便大加指责、咄咄逼人，引起别人的憎恶……这些女人幸福吗？当然不，因为真正的幸福是用心感知的。因此，女人要想获得真正的幸福，首先要修炼心性。

❋ 和善仁慈，体现女人独有的内涵

关于女人的美，有许多的说法，但是，无论怎样，真正让一个女人美丽的是她的内在。一个女人有气质是因为她有内涵，如果是细心人，往往可以发觉真正美丽的女人举手投足间的神韵就有一种浑然天成的美：她们目光温柔，行走自然得体，语言真诚，谈吐不俗，仪容端庄，衣着整洁干净，这些都是美的体现。但是，如果要唯美，那就要把许多方面凝结在一起算才是唯美。真正的美是以内涵为主的，由内而外发出的美才是真正的美，有句名言说得好："人不是因为美丽才可爱，而是因为可爱才美丽！"这是一句很有道理的名言。而女人要可爱，就要有金子般善良的心和仁慈待人的风范，也许这才是真正的美！生活中，我们经常看到一些青春靓丽的女人，她们活泼、青春，但常常为了一点小事就凤眼圆睁、怒目相视，这样的女人自然就少了很多魅力。其实说到底，和善仁慈是女性特有的光辉。

的确，善良可以是美丽的最高点，但也可以是美丽的最底线，若没有了善良，美丽就不成为美丽了！不管有没有其他有关美丽的解释，但是，古往今来，女人的美丽和女人的善良几乎都有关系……

解放初期，有这样一个农村妇女：

那时候，这个农村妇女的生活过得挺艰难，靠着丈夫那点微薄的工资，他们一家四口人的日子过得相当节俭。到了冬季，常有远方遭灾的人上门乞讨，她总是叫孩子拿上那个舀米的竹筒，给乞讨的人添上一碗半碗米。有时，她自家的粮也断了，她还是对乞讨的人满脸歉意，说"对不起，实在没办法了"，仿佛是她欠了人家什么似的。临了，还是要追上去塞给人家一个红薯什么的。

她的热心肠在邻里是有名的。有一次，村里来了一个要饭的老人，老人是个瞎子,手里拄着根木棍。天已经黑了,老人要借宿,别人把老人指引到了这个妇女的家门口,看到那又脏又丑的骇人模样,两个孩子死死地堵住了门。这个妇女赶紧把孩子们拉开,搀扶着老人走进里屋,之后还用那些古训教育孩子:"人活八十八,不嫌别人瘸和瞎。","积善成德,谁家都会有为难的时候呢!"她相信善有善报,教导孩子们要与人为善。

和这个农村妇女一样,还有很多心地善良、待人仁慈宽厚的女人,她们没有灼人亮丽的外表,她们没有高高在上的社会地位,但他们的美丽却如暗香浮动,如松树底色常青,让与之接触的人感到清新、温暖。

记得曾经在书上看见一段有关女人的话:"如果想让一个人爱你一辈子,就得给他一个过硬的理由:你要么长得漂亮;如果不漂亮,就得有气质;如果没有气质,就得有才华,如果没有才华,怎么也得性格好;若性格不好,那就得善良……总之你要有与众不同之处,让爱你的人永远迷恋你。

心地善良,是美丽的源泉。真诚地与人相处,善待家人、朋友和他人。和这样心地善良的人交往,如春风荡漾心田。

那么,作为女人,该如何做到和善仁慈呢?

1. 关爱你的家人

不管事业多成功,不管自己多坚强,上帝赋予女人母性的使命,女人们担负着生儿育女的天职。所以,女人除了在事业上呈现出与男人一比高低的势头外,最终还是要回到家里来,亲手制造祥和、温暖的环境。放下一天的疲惫,换上另一副外表,找件随意的家居服饰,为家人做顿饭,关心一下家人;记住老人的生日,各个节日不要吝惜一个电话或一次前往,有时候老人所在意的仅是一种心情和一句问候,点滴之心都会让他们感动。孝顺的女人最可爱。如果双亲已经离开人世,那做女儿的也应该记住他们的忌日和有关的社会上的一些活动日。对离去的人的一种心情表达,也是我们爱心的一种表达。关于孩子,女人一般都会用心,但要适时把握住孩子在成长的过程中的特点,培养孩子在接受关爱的同时学会付出爱心的品德。

2．为人处世不温不火

生活中,我们经常会见到一些说话、做事高调的女性,我们在佩服她的魄力的同时,可能更感叹她的强悍。而那些为人处世不温不火,和善仁慈待人的女性,似乎更能吸引我们与之交往,她们总是能在平淡的语言中给予我们灵魂的激励。

可能有人会认为:"马善被人骑,人善被人欺!"但作为女性魅力之一,我们还是要做个和善的人,这就需要我们拥有一颗大爱心、同情心,不害人、不坑人、不骗人。有善良的品性,才有真心爱父母、爱他人、爱自然的基础和可能!

✷ 平和的心态是保养的秘方,凡事要泰然处之

关于女人,似乎永远有说不尽的语言,女人是伟大的,女人无论自己有多少春夏秋冬,无论富贵清贫,都会给男人温煦的家园,给儿女甜蜜的母爱。女人身上也赋予着很多美好的品质,女人仁慈,女人善良,女人大度,女人有一颗扶弱济贫的心……而一颗平和、不以物喜,不以己悲的心,更是女性心性修养中最为关键的部分。

修身养性,谓之修养。对于女人的修养,更多的体现在外在气质上,即言谈举止中,一个会意的微笑胜过千万句语言的传递,在公共场合中处事不惊的态度等,而在情绪上,更能表现出不多一分,不少一丝的大方之举,这个度的把握就是一种修养,比如面对喜讯,有修养的女人就能面对喜色而毫不夸张,绝对不会把喜悦之情过多地表现在脸上,否则就是失态。

然而,现实生活中,有一些女性特别容易情绪化,遇喜则喜,遇悲则悲,如遇不满,甚至破口大骂,很多不文明的举动相继爆发出来,形象全无。

小徐是一家医院的护士，在一天的日记中，她这样写道：

"周六那天早晨来了一个女的，她带一个小孩来输液，那女的穿的还有模有样的，没想到素质很差。那天天气一点都不热，大概只有27度。她一来就把输液室的空调打开了，也不顾其他病人。开就开了，我也没讲什么，但是她倒好，开空调却把我们的门窗全开了。我就说"你开空调至少要把我们的窗户关一下。"我也没觉得我说的有什么过分的话，那女的立刻来一句："好玩呢，不是你来关了吗？你自己的事情不做，要我做啊？"听到这话，我真气得够呛，但是我还是忍了，毕竟有其他病人在，吵起来对其他病人也不好，我就没讲话走了。过了10分钟，陆续有病人换地方输液了（都嫌冷），有的病人就讲那女的素质差。可能是她听到了病人的议论或是她自己冷了，她又把空调关了。关了之后，刚好我在给一个病人输液，她趾高气昂地来一句："哎，等你弄好，过来帮我把窗户打开。"我听得气死了，她一副命令的口气，好像是我应该做的。刚好那会儿我很忙，自然是没理她。我也生气，凭什么帮她开窗户啊，她又不是病人，何况那么傲气。又过了10分钟，她居然很没修养地冲到我们治疗室来，冲着我就来了句："你忙好了吗，忙好了还不帮我来开窗户。我们客人到你家来还要我开窗户啊！"当时真的很想骂她，想想算了，跟这种没有修养的人计较只能显得我的修养也不高。说实话，上班这么多年这种女人还第一次碰到，素质太差了。"

从小徐的日记中，我们可以看出，她的确很生气，可是她没有对那个女人发火，没有愤怒，从而保全了自己的形象，相反，如果面对这样一个素质差的女人，她和她"对着干"，或许她能泻一时之气，可是事后呢，医院的人会认为小徐的修养也不好，品质也不好，从而给他人留下一个"泼妇"的形象。

有修养的女人心胸宽广，自然也就不会因为一点点小事愤怒，她们会以微笑和包容对待侵犯的人，而相反的是，很多女人总是以牙还牙，骂得脸红脖子粗，还不肯罢休，其实她们不知道，背后已经有很多人在议论自己了，自己的形象也早已荡然无存了。

生活中,令我们生气的事实在太多,我们根本没必要去愤怒,那只能让愤怒玷污了我们的形象。我们应该做的是做个修养好的女人,培养自己的良好品质。

当然,每个女人都有不良的情绪,这很正常,但我们不能把这些情绪压抑在心中,因为一味地压抑心中的不快,只能暂时解决问题,可负面情绪并不会消失,久而久之,就可能填满我们的内心世界,使我们的身心越来越疲惫。因此,除了自我调节和消化外,我们还应该给不良情绪找个宣泄的出口,让它尽快释放出来,正所谓"堵不如疏"。将负面情绪减小到最小程度。

那么,作为女人,我们该如何修炼自己平和的心性,避免情绪化呢?其实,要发泄自己的不良情绪有很多方法:

1. 与友人倾心交谈

当苦恼时,找自己信任的、谈得来的、同时头脑也较冷静的知心朋友倾心交谈,将心中的郁闷及时发泄出来。通过自己的倾诉和朋友的疏导,一肚子的气也会随之消散。

2. 高歌泄尽心中烦恼

唱歌尤其是高歌,除了可以愉悦身心外,它还是宣泄紧张和排解不良情绪的有效手段。

3. 摔打安全的器物

安全的器物如枕头、皮球、沙包等,狠狠地摔打,我们会吃惊地发现这种发泄对缓解不良情绪是多么有效。

4. 利用环境调节情绪

心情不好或感到压力大、闷闷不乐时,如果投身到大自然的怀抱,我们的心绪往往就能很快得到舒缓。如果有条件,还可以进行短期旅游,从而彻底放松自我。

5. 转移注意力

当出现不良情绪时,可以将注意力转移到其他活动上去,忘我地去干一件自己喜欢干的事,如练习书法、打球、上网等,从而将心中的苦闷、烦恼、愤怒、忧愁、焦虑等不良情绪通过这些有情趣的活动得到宣泄。

总之,女人的品质来自修养,一个有修养的女人,对世间万事万物都能泰然处之,即使"兵临城下"也不会惊慌失措,她们能从"袭击者"的角度考虑问题,能宽容别人的冒犯,在别人心中留下一个心胸宽广的形象。而她们更能权衡好不良情绪给自己和他人带来的不利影响,因此她知道如何排遣这种心中的不快,给不良情绪找个出口,并且不让这种发泄影响到周围的人,而这样的女人也能得到他人的认可,因为她不会让自己的负面情绪伤害到身边的人。同时,她也就成就了自己美好的修养和品质。

❀ 豁达包容,有风度的女人行好运

人生在世,孰能无过?人生漫漫,其实充其量也不过几十年,几十年的光阴倏忽而过后,便觉时光过得太快了。尤其是女人,岁月是女人美丽的杀手,人生苦短,短短的人生当中,幼时不知世故,青葱茫然四顾,青年为前程奔波,中年为生活所累,春去秋来老将至,病痛又不邀而至……总之是人生苦短。然而,在这短短的人生旅途中,有多少女人心怀怨恨地生活着?不是怨恨同学就是怨恨同事或是怨恨亲朋,她们的胸膛里都是熊熊的怨恨之火,有时候一丁点儿的小矛盾引发的怨恨也会导致灭顶的灾害。如果真的能够抛掉这许多的怨恨,以博大的胸怀去宽容别人、原谅别人,可能会是一种很高的人生境界。

喜欢埋怨是很多女人拥有的通病,我们要记住,要做一个成功女人,就要摒弃、克服女人本身具有的缺点,原谅别人的错误,别让埋怨埋葬了你。不原谅的本质是,用别人的错误来惩罚自己,而原谅别人,正是爱惜自己的做法。

小荣是街坊邻居公认的有修养的女人,因为她以理服人,从来不会对身边的人发火。

有一天,小荣和老公去购物,走进一家服装店。她走近一位售货员:"有靴裤吗?"售货员本来低着头,瞟了小荣一眼,不耐烦地说:"长靴还是短靴?"小荣说:"长靴。""中间一排。"售货员不耐烦地回答道。小荣看了看,看中一条条绒布料的,就伸手去拿,则从背后传来了叫喊声:"别拽别拽。"小荣就停了下来,那个售货员一边给另一位顾客拿裤子,一边牢骚满腹地说:"烦死我了。"随后鼻子不是鼻子,脸不是脸地对小荣说:"哪条?"一见那架式,小荣着实有点生气了,但还是忍住了,不值得计较。于是她不买了,迅速走向门口,因为丈夫正在那等她。正好,店主人也在门口,看见了刚才发生的事,找了另一位售货员,要为小荣服务,这个服务员说:"你可真是海量啊,一般去她那买衣服的人,没有不和她吵架的,你的修养可真是少见。"小荣一听,倒也挺开心。

小荣面对这样的售货员,没有和她理论,而是离开了,并且获得了别人对她修养的肯定。其实,本应该如此,何必生气呢?她能改变那位售货员吗?她态度不好,你可以转向别家去买,你能损失什么呢?损失的是她,因为她的营业额少了。

女人的愤怒经常会写在脸上。如果在地铁或公交车里,你留心看看身边的女子,会发现有些女人脸上的线条很柔软:她的嘴角微微上扬、眼尾像弯弯的月亮,也像浅浅流淌的小溪,静谧地躺在广阔的原野上。而你还会发现另一种女子,她或许长得并不差,但原本弧线较好的嘴角因僵硬而下垂,原本清澈的大眼睛因愤怒而干涩,她的下颚因倔强而紧绷、肩胛因生气而弓起,你看不见属于女子的柔软线条,只看见压抑着的满腔怒火蓄势待发。这样的女人美丽吗?

一个有修养的女人不管遇到什么事情,不管别人如何"挑衅",都会保持自己优雅的本色,都会做到豁达包容,体现自己的大家风范。而相反的是,在怒火中燃烧的你,发现了周围人的眼神吗?发现了对方已经被你深深伤害了吗?发现了你那恐怖的表情了吗?

当然,要做到豁达包容,也不是一件易事,需要我们做到以下几点:

1. 换位思考,理解他人

同是一朵花摆在面前,会有"花谢花飞飞满天,红消香断有谁怜"的感怀,也会有"落红不是无情物,化作春泥更护花"的深刻。同是一轮明月挂在夜空,张若虚会吟出"江畔何人初见月,江月何年初照人"的思索,李太白会叹出"床前明月光,疑是地上霜"的乡愁。你能苛责寄人篱下的林妹妹的伤怀?你能否认落红护花的事实?你能责怪张若虚是无病呻吟?你能不屑李太白的乡情?恐怕都不能。同样,对于他人的过错,在我们看来,可能令人无法原谅,但如果我们站在对方的角度考虑,可能你会发现,原来也是情有可原的。

2. 把注意力从别人的错误上移开,转而关注自己内心的感受

其实,你在心里是否原谅别人的错误,对别人也没有什么影响,而对你自己却有很大的影响。不原谅的话,你自己会变得怨恨、痛苦、难受。如果我们是爱惜自己的,希望自己的内心是舒适的,那么你便应该去选择原谅,而不再让自己的心里难受、痛苦。原谅别人,实质上你什么都没有做,只是把自己从别人带给你的负面影响及伤害中解脱出来。是否原谅,表面上看是个包容和胸襟的问题,其实,它是一个懂不懂得自爱的问题。在这样的一个社会当中,我们必定会受到别人的很多欺负、伤害或冤枉,但我们千万不要伤害自己。

从另外一方来说,对于犯错,却已经悔过自新的人,如果不懂得宽容他们,而是继续以一种另类的责备的眼光看待他们,给他们贴上"罪人"的标签,全盘否认别人的同时,你得到了什么?选择原谅,情况会循一条神奇的轨迹转变。当我们改变了,别人也会跟着变。我们改变待人的态度,别人也会调整他们的行为。在我们修订对事物观点的同时,别人也会随着我们的

新期望作出反应。

如果我们认为某件事极度不可原谅时,便会因为心理的不平衡,慢慢产生仇恨,如果我们能够在旁人的劝说下改变仇恨的心态,给犯错误的人一个忏悔的机会,一点点去原谅他的错误,最终宽恕他,自己的心里便会尽早走出仇恨笼罩的阴影,见到光明;但如果我们无视旁人的好言相劝,一意孤行地抱着仇恨的心理,以无法原谅作为仇恨心理的借口,那么,结果必将是使别人在痛苦的同时,也让我们自己的内心受到极度的煎熬。

总之,女人本是敏感的,但也是善良的,保持爱心,提高人生境界,用爱心来帮助他人改正过错,这要比责骂,教训可以获得更好的效果,因为爱是一种包容,是一种关怀,它最具有力量。能够对他人动之以情,循循善诱,表现的是自己的耐心与爱心。

❋ 知足谈何容易,幸福却贵在于此

人生短短几十载,但是短暂的人生却是一个舞台,每天都上演着许许多多生活的故事,而任何一个女人都是故事里的主角,要想结局精彩,是需要我们每个人自己去用心演绎的。演好了,悲剧可以变成喜剧,你的生活就可能从痛苦转为快乐,从平庸转为风光无限;演砸了,喜剧也会沦为悲剧,你就有可能从天堂跌入地狱,从此生活在水生火热之中。

在这场人生戏剧中,无疑,婚姻和家庭是决定故事结局至关重要的一个环节,也是最难处理的一个关键情节,它不仅需要夫妻双方相互信任理解,更需要家庭成员间的密切配合,而更多的时候,女人又往往是领衔主演,所以她扮演的角色成功与否,将直接决定整个故事的精彩程度。

聪明的女人决不好高骛远,更不会盲目攀比,她们懂得脚踏实地,懂得安分守己,懂得用心经营自己的婚姻,懂得如何把自己的家打造成一个温暖的爱的港湾。她们知道,幸福就在平淡的生活里,就在自己的手中。而有的女人则不同,她们不满现状,爱慕虚荣,整天追求着一些不切实际的东西,穿梭于各种社交场所,沉醉于美酒佳肴之中。久而久之,她们的心就野了,家的观念就没了,与亲人间的感情也越来越淡了,幸福自然也就离她越来越远了。

张阿姨年纪并不大,今年刚满四十。她年轻的时候,圆润白皙的脸上,是很柔和的五官线条,看到邻居小孩的时候,总是要伸手来拧一下他的脸,然后说"有空的时候到我家来,给你吃糖"。

刚结婚那段日子,她把家里打扫的非常整齐干净,逢人也总是笑嘻嘻的。在他们那个年代她是非常出色的,相貌端庄,出身好,人也非常能干。

她对丈夫特别好,手也特别巧,结婚了之后,全家老小的毛衣都是她织的。那时候,丈夫对她也特别好,不管冬天夏天,他都坚持给在单位上班的妻子送"爱心午餐"。她的名字里有个"娇""字,每天中午,单位的人都会听到她的丈夫叫"娇,午餐",他们单位的人都给她取外号叫"娇午餐"。那段时间他们真的很恩爱,也没有人会怀疑这两个人不会白头偕老。

张阿姨的丈夫是做销售的,现在是个不错的职业,但在20世纪80年代初却并不是很容易做。但他很有韧性,拿出当年追张阿姨的劲头,硬是把一间快倒闭的小厂的产品搞"活"了。张阿姨一家则成了周围亲朋好友羡慕的对象,他们的房子换大了,买了车,女儿进了学费让人咋舌的私立学校,可是很多矛盾也跟着来了。

张阿姨开始喜欢上了有钱人的生活,每天不是上美容院就是和一群"麻友"们在一起打麻将,女儿的学习不管,丈夫回来也是冷锅冷灶。

还不止这些,她成了典型的"怨妇",丈夫和女儿听见的就只有她抱怨美容院的服务态度不好,怎么最近股票又跌了,快要成穷光蛋了。看见女儿一片红叉的试卷,马上就是又打又骂;丈夫一回来就训:"这个月的钱怎么那么少?"

刚开始,女儿和丈夫还受得了,可是时间一长,他们父女俩就提出要搬出去住了,后来丈夫提出和她离婚的时候,女儿居然没反对。

这都是欲望惹的祸,这样的女人怎么会有人爱?可能,你的薪水太少、职务太低、工作不顺心、任务繁重,可能你的丈夫不能给你让人羡慕的物质生活,于是,你开始不知足,你开始抱怨。而这些物质生活并不会因为你的抱怨而得到满足,于是,你的生活没有了希望,没有了阳光,又怎么能给身边的人带来快乐呢?这种女人自然没有人爱,而一个有修养的女人不会让欲望成为自己修养的杂质,她们知道知足常乐的道理,每天锅碗瓢盆的生活也让她们感受到无穷尽的幸福。

在这纷纷扰扰的世界上,每个女人都有着一颗不甘寂寞的心,而每个女人也都有自己的真命天子在等着她,可以说,抱怨就是挡在你们中间的一道墙,他永远看不见墙那边的你是多么优秀,因为他看见的只有抱怨。

那么,作为女人,我们该如何体会知足的幸福呢?

1. 比较法

比如,当你对你的物质生活不满足时,当你认为自己的房子不够大时,当你认为你的车子不够豪华时,当你为买不起 LV 时包包而焦躁时,你有没有想过,还有多少和你同样的女人却正在为房子忧愁、为明天的家庭开支担忧、为了一个几十元的包包与店铺老板砍价?这样一比,你可能觉得自己其实是幸运的,也就不再为那些外在的物质生活而忧愁了。

2. 注重精神世界的充盈

细心的你也可能发现,那些爱看书、听音乐、旅游的女性,她们看起来笑得更舒心,因为她们的业余生活是丰富的、充足的,她们不会为那些虚无缥缈的物质生活烦恼,她们满足于现在的幸福生活。因此,丰盈精神世界是克制我们欲望的良好方式,比如,你可以把周末逛街的时间拿来学习英语、练瑜伽、读名著等。

总之,人要学会知足,知足才能常乐,尤其是女人,懂得知足的女人才能是幸福的。

❋ 用放松的心情享受当下的生活

女人似乎永远是一只忙碌的小蚂蚁,可为什么女人总是脚步匆匆,心事重重?同为家庭中的一员,女人无时无刻不在为家人操劳,女人为家、为丈夫、为孩子,付出青春年华,一切的一切,唯独没给自己留下欣赏自我的空间。而男人却可以少些生活上的顾虑,活得相对滋润休闲,享受着女人为自己料理好的一切。女人为家庭和工作,年复一年,日复一日,像牛一样辛勤耕作。到头来面色欠佳,疲惫不堪,成了"亚健康"患者。她们牺牲得太多太多,从原来的出水芙蓉,到现在的昨日黄花。

女人不仅身累,心也累,她们总是在担心,担心男人对自己是否忠诚,担心如何才能讨男人的欢心。而且事实上,她们的担心也不是多余的,很多标准的贤妻良母反倒失去了家庭和丈夫——因为现代的男人对兢兢业业操持家庭女人的那种旧式的黄脸婆的生活方式表示理解,但并不欣赏,他们不赞同女人的这种家庭作风。他们更喜欢那些懂得生活、懂得享受、有生活情趣、漂亮的女人,出得了厅堂也可下厨房,而不在乎她是否能干。

其实,女人"吃力不讨好",就是因为她们"累",不懂得放松自己。

32岁的销售部经理吕芳常常因为工作压力大而感到疲劳和沮丧,每当她向丈夫金明诉苦并希望得到一些温柔的安慰时,金明却总是建议她去看心理医生。金明的理由很简单:"我知道你的日程非常繁忙,但是我不能总是这样听你抱怨。你的沮丧给我和孩子都带来压力。"可是没过多久,她发现,金明已经与一位年轻的女同事有了亲密的关系。痛苦的吕芳问自己:"是不是我的诉苦吓跑了丈夫呢?"

于是,她很担心丈夫真的会离开她,整天疑神疑鬼,也不认真上班,只是注意丈夫的举动。有一次回家,她看见丈夫在打电话,而且他分明听见电话那头是个女人,于是她很生气,抓起电话就骂起了金明,然后不分青红皂白地哭了起来:"我一直为这个家忙里忙外的,工作压力大的时候,只是想得到你的一点儿安慰,可是你却让我去心理医生那儿,你还在这边和公司那个女人亲亲我我。"

金明笑了笑,对妻子说:"你想多了,方芳的哥哥是个心理医生,我只是让她帮忙联系一下,带你过去看看,你看你想哪里去了。"吕英这才破涕为笑。

丈夫的好心,被吕英怀疑成是移情别恋,于是她担心、愤怒、生气、哭泣,其实这些是多余的。如果女人们都如同吕英一样,时时刻刻担心、时时刻刻紧绷着自己的神经,那么哪里还有幸福可言?

作为女人,我们要学会享受生活,完善内心修养提高自身能力,争取更大的空间和更好的生活质量,要有一颗乐观向上的心。

因此,忙碌的女人们,从现在起,不妨先善待自己,让自己的身心都偷一下懒吧:

①每天打扮得优雅得体、干净利落,出门前照照镜子,对自己笑笑。

②交几个红颜知己,寂寞时叫她们陪陪,要么逛逛商场,要么一块吃饭,要么在家小聚,几个小菜、几杯美酒,知心话儿一吐为快,可以骂骂老公忽视自己,也可以谈谈孩子如何教育。

③听着音乐干家务,不会觉得疲劳,还会觉得是一种享受。

④枕头下始终放上一些书,读书可以益人心智,怡人性情,滋养人生。

⑤玩玩文字,写写自己的心情故事,自我安慰,自我欣赏,自我陶醉。

⑥买适合自己的衣服,穿出自己的气质,让同事们啧啧称赞的不一定是高档的服装。

⑦偶尔买一套和平日风格不同的服装,换换自己的心情,也让别人换换对你的印象。

⑧经常变换发型,当然要与服装搭配。

⑨买些搭配不同发型的头饰,小的东西也可以让你觉得饶有情趣。

⑩处几个异性好朋友,当然不是情人,你们的关系最好得到他老婆的认可,男人是理性的,女人是感性的,在生活中遇到什么事情,他们能诚心诚意地给你些建议。

⑪别为别人的事伤心,即使是你的兄弟姐妹,他们有自己的生活方式,各人有各人的命。

⑫偶尔偷一下懒,三顿饭的锅碗一次洗也不会怎么样。

⑬养几盆名贵的花,像照顾孩子似的照顾它,看着它开花了,发新枝了,你都会有成就感。

⑭在闲暇时哼着小曲整理一下衣柜,可以把不再穿的衣服送给适合穿的人。看着孩子的小衣服还会使你想起孩子小时候的可爱,这也是一种精神享受。

⑮保证睡眠充足,足够的睡眠会使皮肤光洁细腻,是天然的美容方法,还不用花钱。

⑯寂寞时看看好友的短信,或给他们发发短信,收到他们的短信,你会觉得做个现代人真好,即使相隔千山万水,但几秒钟就可以知道彼此的情况。

⑰孩子是你的希望,学习优秀固然很好,成绩一般也不必愁眉苦脸,不成才便成人的想法也不是错误。

⑱整理相册也能换个好心情,看看儿时的你,长大后的你,你的孩子甜甜的微笑,你们一家其乐融融,都会觉得好开心。

⑲即使你不做美容也要到美容院坐坐,那里是女人俱乐部,女人们在此交流着种种生活经验,保养秘诀。

⑳想哭的时候也别强忍着,有个人听你哭诉更好,如若没有,找个安静的地方痛哭一场也会感到轻松许多,人人都有脆弱的时候。

总之,女人在现实生活中要学会自我调节,要拿得起放得下.工作的时候拼命地工作,玩的时候就尽情地玩。想打扮就打扮,想吃就吃,想睡就睡,随心所欲吧。人生在世难得几回醉? 女人要学会善待自己,学会享受生活。

❀ 感恩于世,懂得报答才更有收获

每个女人都明白,世间没有绝对公平的事情。每个人都希望生活在公平的世界里,但那是不可能的。单纯的女人会认为只要我努力了就会事业成功,就会财源广进,一旦与自己的想象不同,就怨天尤人。那是因为她们还没有想明白人生,人的事业成功,人对金钱的取得应当是由自己的努力和机遇构成的。有些人确实付出了一定的努力,但是没有好的机遇,可能就没有得到她希望中的成功和她希望中应该取得的钱财。而聪明的女人则明白,人生的目的在于快乐,在于不断奋进。同时,她们更懂得感恩于世,她们除了扮演好妻子与母亲的角色,还意识到应该尽一个社会人的责任。

于是,对于世界,女人们产生了两种极为不同的态度,感恩与抱怨。抱怨的女人把精力全集中在对生活的不满之处,而懂得感恩的女人则把注意力集中在能令他们开心的事情上,所以,她们能更多地感受到生命中美好的一面,因为对生活的这份感激,所以她们才感到幸福。

提到李春燕这个名字,我们可能都很熟悉,她是 2009 年被评为"100 位新中国成立以来感动中国人物"。"她是大山里最后的赤脚医生,提着篮子在田垄里行医。一间四壁透风的竹楼,成了天下最温暖的医院;一副瘦弱的肩膀,担负起十里八乡的健康。她不是迁徙的候鸟,她是照亮苗家温暖的月亮。"

李春燕,1977 年出生于贵州省从江县,她的父亲走村串寨几十年为当地村民看病,是远近闻名、德高望重的乡村医生。在父亲的要求下,梦想考幼师的李春燕勉强读了卫校。1997年,她进入贵州省黔东南州黎平卫校,就读于乡村医生培训班。李春燕卫校毕业后,嫁给了大塘村一个苗族青年,成为一名乡村卫生员,并且在自己家里开设了一间卫生室,成为苗寨2500多名苗族村民中第一位受过专业训练的医生。5年来,她看过的病人达7000余人次。

刚边寨村民组的王岁山每次来打针,都要叫李春燕给他编一只金鱼。12岁的王岁山患了肠套叠,在医院治疗花光了几千元的贷款后,只好来找李春燕。从李春燕家到刚边寨,得从山上到山下,走得最快的人都得半个小时,为给王岁山治病,李春燕每天得往刚边寨来回跑4趟。两个月时间,她累得连走路都走不稳,最后,索性把王岁山接到家里来治疗,一个多月后,王岁山痊愈,而李春燕分文未收。

王岁山并不是村里唯一享有李春燕特别照顾的病人,她每次出诊,从不收取费用,村民穷,拿不出钱付医药费,大多数人看病只能赊账,卖给村民的药,也与批发价差不多,要是遇到特别困难的村民,她甚至连药费也不收。

行医的同时,李春燕还为村里的产妇接生。每年,村里通过她迎接的新生命都有几十个。接生一个孩子,得到的回报很少超过5元钱,有时守候一个通宵,只有几角钱。

从2008年起,有关媒体陆续对李春燕的事迹进行了报道。媒体的关注使她得到了全国各地热心人的支持和资助,还被评为贵州省劳模。

在新闻媒体对李春燕报道后的一段时间,她平均每天都要接到40多个来自各地的电话,其中不少是被她的事迹感动后邀请她外出发展的。其中,一名福建老板开出了包吃包住,月薪5000元的条件。在被一些媒体邀请到深圳和北京做节目前,李春燕连贵州省的省会贵阳和州府凯里都未去过,第一次走出大山的李春燕在感受到现代文明的同时,,更看到了家乡的贫穷落后。"别人的邀请并不是没考虑过,如果我真的走了,这里乡亲生病就没有人给他们医治了,我舍不得丢下他们,虽然贫穷,但他们的生命同样可贵。"

村民的依赖和信任使李春燕婉言谢绝了他人的邀请。她始终认为,自己的留下至少可以给贫困的乡亲们减轻一点经济负担。

生命的意义在隐秘的收费单和先进的手术台上曾经被轻视和失落,但却在偏远的苗寨被一位平凡女子的双手找回,没有翅膀她依然是天使。

在了解了李春燕的事迹之后,生活中平凡的女人们估计都会被她这种强大的精神力量折服。的确,没有这样一份感恩的心,又怎样有这样强烈的社会责任感?又怎么会坚守大山,为大山的医疗事业贡献自己的力量?

在我们的人生路上,我们无时无刻不在接受他人的帮助,接受他人的恩惠,自打我们出生,父母就在孜孜不倦地哺育我们,教我们做人做事的道理;跨入校门,我们的老师就无怨无悔地把毕生所学传授给我们;当我们成家立业之后,我们又得到了来自爱人的呵护;工作岗位上,当我们遇到困难,同事们也总是伸出了援助的双手……我们需要报答的人太多。如果你有一颗感恩的心,那么,你还会抱怨父母的不理解、激烈的职场竞争、爱人不能给你充裕的物质生活吗?

那么,我们该如何做到感恩于世呢?

1. 不要忘记经常对身边的人说"谢谢"

有时候,你可能认为,周围的人对你提供举手之劳的帮助是理所当然的,比如,同事帮你做的一个报表,周末丈夫为你做了温馨的早餐,但请记住,没有人应该对你好,所以,你应该对他们说"谢谢"。有时候,即使这么简单的一句道谢,也是一种幸福的回馈。

2. 为社会尽一份微薄的力量

大部分女人可能认为,自己只不过是个普通人,哪里能为社会做多大贡献?但社会就是由千千万万的普通人组成的,只要我们从身边做起,多关心国家大事、社会新闻,多关心慈善事业,那么,哪怕我们只捐出一元钱,哪怕我们只是顺手拾起了马路上的一片废纸,那我们也是为社会的发展尽了一份力量。

第 7 章

由内而外透出女人的灵性，深幽的内涵酝酿幸福

毋庸置疑，女人爱美。生活中，也有很大一部分女性，她们只注重穿着打扮，她们认为那就是美。但是一个浅薄的女人，让人一览无余，美丽的容貌、时髦的服饰、精心的打扮，虽然也给人以美感，但是那种外表的美总是肤浅而短暂的，如同天上的流云，转瞬即逝。如果你是有心人，则会发现，气质给人的美感是不受年龄、服饰和打扮局限的。这种气质从何而来？它来自于渊博的知识、良好的修养、文明的举止、优雅的谈吐、博大的胸怀以及一颗充满爱的心灵……因此，作为女人，你可以生得不漂亮，但是一定要活得漂亮。活得漂亮，就是活出一种气质、一种品位、一份至真至性的精彩。

❋ 读书增长的是智慧,幸福的是心灵

人的灵魂不能浅薄,不能庸俗,不能无聊,它应该永远在追求最高尚的东西。而使人的灵魂高尚的重要渠道就是读书。书是使人类进步的阶梯;书是智慧的殿堂,珍藏着人生思想的精华,是金玉良言的宝库。

有人说,对于男人来说,美丽的女人是一本书,容颜就是封面,智慧的核心就是内页。没有人会无休止地盯着封面看,他们长久留恋的是书中的内容。男人们希望一生中有个女人能时时给予他支持,处处呵护他而又让他感到新鲜而放松,在她身上有挖不尽的宝藏:随时都会让他得到意外的惊喜;在他山穷水尽的时候,你总能给他柳岸花明;在他绞尽脑汁时,你总能给他排忧解难而不是给他添乱。但女人要明白,你只是一个平凡女子,只有读书能让你更加智慧。也只有读书,才能让你的心灵更加充盈,让你更具魅力。

世界有十分美丽,但如果没有女人,将失掉七分色彩;女人有十分美丽,但如果远离书籍,将失掉七分内蕴。正如女作家毕淑敏所说的:"清风朗月,水滴石穿,一年几年,一辈子读下去,书就像微波,从内到外震动着我们的心,徐徐加热,精神分子的结构就改变了,成熟了,书的效力就凸现出来了。"女人的气质、修养,都要靠大量的长期阅读来培养,爱阅读的女人是美丽的女人。

"和书籍生活在一起,永远不会叹息。"罗曼·罗兰忠告所有人。所以,要想做一个有主见、有内涵的现代女性,读书绝对是必由之路。书籍是女人心灵的灯塔,即使生活中有再多的艰难困苦,书籍都能教她淡然从容地去面对。书籍给女人梦想的翅膀,即使她平凡如路边的小草,仍能让她展现绿草的美丽,体会生活的乐趣,把自己带入有着鸟语花香、蓝天白云、繁星明月的

大自然。书籍是女人永恒的妆容,一颗坚强而聪慧的心,宽容而朴素的爱,将美丽写进心灵,即使不施脂粉也显得神采奕奕、光彩照人。

有些女人,读书是为了获取知识,增强她们的才干;有些女人,读书是为了愉悦自己的身心,陶冶情操。这样的女人,不管走到哪,都将是一道美丽的风景。她们可能貌不惊人,但是,她们所拥有的内在气质,却远远超越了那些容貌惊人的人。她们的动是优雅的,她们的坐是端庄的,她们的行是洒脱的……更重要的是,她们从书本中进汲取了智慧,足以应付生活中的种种问题。

诸葛亮的丑妻就是一个见识广阔,能从容应对的女人。

诸葛亮一生行事谨慎,稳扎稳打,从无失算,他毅然决然地娶了个丑媳妇,这不但使他一生无后顾之忧,更使他在事业发展上获得了一个强有力的支柱,更重要的是他一生一世都沉湎在温柔的照顾中,夫妻情感的亲密,非局外人可知。

诸葛亮六出祁山,威震中原,发明了一种新的运输工具,叫"木牛流马",解决了几十万大军的粮草运输问题,又发明了"连弩"这种新式武器,出奇制胜,魏国大将张颌就死在这种武器之下。实际上,这些都是他妻子教的。

据范成大的《桂海虞衡志》记载:"汝南人相传,诸葛亮居隆中时,友人毕至,有喜食米者,有喜食面者。顷之,饭、面俱备,客怪其速,潜往厨间窥之,见数木人椿米,一木驴运磨如飞,孔明遂拜其妻,求传是术,后变其制为木牛流马。"

此外,诸葛亮五月渡泸,深入南中,七擒孟获,为避瘴气而发明的"诸葛行军散","卧龙丹"也是丑妻教给他的。

的确,诸葛孔明一世英明,蜀国未建,但家庭生活幸福,这都取决于其丑妻。一个女人的魅力,很大一部分取决于她的内涵,容颜易老,但唯有知识常在,懂的多,自然能应对一切,但真正知识的获得是要择善书而读的。但在生活中,还有一种女人,她们读书只是附庸风雅,她们只热衷于缠绵悱恻的言情故事,还有就是那些歌星、影星和所谓的名人的那些花边新闻,像这种爱书就有点儿俗气了。

书对于女人的益处有四:一,书使女人的生活充满光彩;二,书使女人形成正确的思想;三,书帮助女人塑造独立的人格;四,书帮助女人净化灵魂。

具体说来,我们读书需要达到以下几个境界:

1. 读懂书,读懂自然

自然能净化人的心灵,让人返璞归真。自然的一切声音——风声、雨声、松涛声、犬吠、鸡鸣、蟋蟀叫都是动听的。听到它们的时候,是心情最宁静的时候。这宁静,是没有争逐的安闲,是没有贪欲的怡然。这些属于自然的美妙,只有爱读书、远离尘嚣的女人才能听得懂、看得到。因为从书中她也能感受着自然的每一天:红梅傲雪沐浴晨光中,觉天地一片灿烂,心神清新而明朗;徜徉晚霞里,感到人生无限温暖,精神愉悦而高洁。即使坐在屋内读书,也要靠窗而坐,用心去依靠那一树摇曳的翠绿,去接受那清风的吹拂。

2. 读懂书,读懂世界

爱读书的女人看世界,觉得天蓝、地阔、人美。她把生活读成诗,读成散文,读成小说。对生活,她真心投入,用心欣赏,心里从不设防;对世人,她不装腔作势,不阿谀奉承,总透着一身书卷气。

3. 读懂书,读懂自己

爱读书,会使你生活情趣高尚,很少持续地去叹息忧郁或无望地孤独惆怅,重要的是拥有健康的身体、从容的心态。只要心境能保持年轻,对于年华的逝去就会无所畏惧。高尔基说:"学问改变气质。"看来,读书是女人永葆青春的源泉。读书又是不分年龄界限的,年年岁岁都是女人读书的芳龄,是永不过时的美丽。

4. 视读书为人生最大的快乐

如果你能视读书为人生最大的快乐,那么当别的女人正津津乐道时尚流行、张家长李家短时,你就能定下心来,让自己陶醉在书的世界里,洗涤自己,充实自己,忧伤着自己,快乐着自己。

作为女人,多读些书吧,多读些好书。会读书的女人不仅是聪慧的女人,还是身心健康的女人。因为书能给女人带来心灵最深处的滋养,当你被尘世所烦恼的时候,书会带我们步入一个世外桃源,一个脱离了纷扰现实的精神殿堂。

❋ 制订自己的学习计划,筹划未来发展

多少年来,"女人"这个称谓总是同弱者连系在一起;在社会的心理位置上,女人只能算为"二等公民"。女人经常被描述为"附庸"、"摆设"、"小人"、"奴隶"。因为在很长一段时间里,女人都是以家庭为中心的,没有自己的事业。但我们翻开历史的积页,拨开封建巨手在历史长卷上泼洒的层层黑云,妇女自强自立、创造历史的光辉业绩不容否定!"从来没有什么救世主,全靠我们自己!"今天,改革的洪流为妇女解放提供了广阔的天地,人们的价值观也在不断地更新。丈夫们已开始对妻子发出"愿她比我强"的美好祝愿。在这样的大好契机下,妇女成才的主要敌人已不再是历史和社会,而是自己。女人们开始找到自己的价值,开始投身于自己的事业,她们开始发现,女人也可以有自己的事业,女人也可以有自己的梦想。但是这一切要求女人们做到制订自己的学习计划,懂得为自己筹划未来的发展!

正所谓"人无远虑,必有近忧",只有看得远,才能走得远;也只有想得远,才能做得远。远见往往基于对现实生活的准确判断,能帮我们避开前方可能出现的危险和困难。作为一个女人,我们应该有一定的远见:目光更犀利,要比别人看得长远;头脑更理智,要比别人想得周全;思想更智慧,要比别人参得更透彻。而这些,都需要我们作出一个周密的学习计划。

举个很简单的例子，我们初到一个地方旅游，都需要买张地图，指引我们前进，没有线路图什么地方也去不了，而目标就是构筑成功的基石。但有多少人真正清楚自己的目标呢？哈佛大学有一个关于目标对人生产生何种影响的跟踪调查，调查结果显示：

3%的人，有十分清晰的长期目标；

10%的人，有比较清晰的短期目标；

60%的人，目标模糊；

27%的人，完全没有目标。

之后25年的跟踪调查表明，被调查者25年后的生活状况分别是：

那3%有长期清晰目标的人，几乎都成了社会各界顶尖的成功人士，其中不乏白手起家的创业者、行业领袖、社会精英，他们生活在社会的最上层。

那10%有比较清晰的短期目标的人，大都成了各行各业不可缺少的专业人士，如医生、律师、工程师、高级主管等，他们生活在社会的中上层。

那60%目标模糊的人，大都能安稳地生活与工作，却都没有什么特别的成绩，生活在社会的中下层。

剩下那27%完全没有目标的人，生活过得都很不如意，常常失业，靠社会救济，并且常常抱怨他人，抱怨社会，几乎都生活在社会的最下层。

你是什么样的女人呢？属于以上的百分之几呢？

事实证明，没有目标，就不可能有切实的行动，更不可能获得结果。试想，一只没有猎物的雄鹰又能翱翔多远多久呢？因为只有确立了目标才能避免外界的干扰，全力以赴地为到达目的而努力。

工作中，总是有这样一些女人，她们习惯抱怨没有机遇，抱怨工作忙碌、抱怨工作没有前途等，但如果问她们准备怎么改变的时候，98%的女人就会哑口无言，不能说出具体的方案，或者干脆悲观地说："没办法，过一天算一天吧。"这说明，她们对改变生活并没有设立具体的目标，当然也就没有鞭策自己的动力，结果只能生活在她们无意改变的世界中，忍受着失意的折磨，靠发牢骚打发无聊的时光。

那么,女人该如何制订自己的目标,完善自己的梦想呢?

1. 要为目标设定一个可以做到、同时又有一定挑战性的期限

可能任何一个女人都有梦想,但并不是所有人都实现了梦想,这其中一个重要的原因就是她们并没有规定自己要在一定的期限内完成自己的目标。于是,随着时间的推移,我们的梦想只能逐渐搁浅。我们常说没有做不到,只有想不到。也就是说,没有不合理的目标,只有不合理的期限。所以,在你设立目标的同时,一定不能忘了为你的目标设定一个期限。

比如,如果你的目标是写一本书,但是你并没有给自己一个期限,那么,你就会无限制地拖延下去,直到生命的终结。而如果你给自己定一个期限,比如一年,或者两年、三年,那么你就会按照这个期限来约束自己,在规定的时间内完成任务。

当然,我们所设置的这个期限需要有一定的紧迫性,那样才能鞭策自己;但同时还得合理,任何一件事的完成都不可能一蹴而就。

2. 将你的目标切割、划分

女人通常有个缺点,那就是理想化。比如,她们会幻想灰姑娘与王子的故事,会幻想财富从天而降等。我们在制订人生规划与学习计划的时候,偶尔也会有点好高骛远,但不能奢望一口吃成个胖子,一锹挖好一口井。比如你现在月薪是 2000 元,你就不能奢望一下子涨到 20000 元,那是不切合实际的。你可以设定到 3000 元、4000 元,然后慢慢地接近 10000 元,最后达到 20000 元。

这就是一种将目标切割的方法。凡是长远的目标都需要较长的时间来完成,且有一定的难度。如果开始你只朝着那个长远目标努力,短时间内就很难收到成效,这就会挫伤你的积极性。所以,要把长远目标分解成无数小目标,这样更容易达成。这样,每天都可以进步一点,从而鼓励自己,提高自己的积极性,向终极目标不断迈进。

3. 不断总结问题

任何事干起来都会遇到或多或少的困难,在制订目标时,不妨把可能出现的困难加以例证,对困难先有一个心理准备,做一些必要的防范,这样,在真正碰到困难时才不会手忙脚乱。当然,很多困难都是无法预知的,最关键的还是要有战胜它的决心,以积极的心态想方设法去解决,这样才会让事情有转机。

总之,女人们,如果你在年轻时没有一个明确的长期目标,那么从现在开始,就一定要及时为自己的幸福人生规划一张蓝图。把自己最大的梦想标在最顶部,再从下往上,把你每个年龄阶段要做的事情,要实现的小目标,都标注出来,然后按照这个线路图,一步一个脚印地前进,总有一天,你会登上成功之巅!

❀ 时时充电,丰富内心才能获得开心

"活到老,学到老"这句话对于现代社会的女性,尤其是拼杀在职场的女性来说,有着更深一层的意味。特别是作为白领丽人,如果没有过硬的职场拼杀本领,在人们眼里就难免留下靠脸蛋混饭吃的印象了。无论是拿出业余时间去深造,还是在工作中不断学习,作为职场女性,我们都应该展开思索与行动,为自己量身打造一个充电计划,并最终拥有纵横职场的能力。而且,要做好职业定位再去充电。

我们都知道,新闻集团总裁鲁伯特·默多克的第三任妻子,MySpace 的中国负责人——邓文迪,她曾经说:"我是一个进取上进的人,无论做什么都会尽心尽力。人生充满了跌宕起伏,不管是顺境还是逆境,我都会找到美好的东西,使生活尽可能地完美。"下面来看看她的人生历程:

邓文迪出生于江苏徐州,后来搬到了广州。1987 年,改变她命运的第一

个契机出现了。在广州医学院读书时,她认识了美国的切瑞夫妇。第二年,邓文迪在这对夫妇的帮助下获得学生签证,进入加利福尼亚州州立大学学习。1990年,53岁的詹克·切瑞与太太离婚后不久,便与22岁的邓文迪结婚。两年后,他们的婚姻走到了尽头,这个时间比她获得绿卡所要求的时间只多了七个月。离婚后,她就远赴耶鲁大学商学院攻读MBA。

1996年,邓文迪从耶鲁大学毕业,准备回中国香港发展。这时,命运之神再次青睐了她。在飞往香港的航班上,邓文迪恰好坐在布鲁斯·丘吉尔身边。当时布鲁斯·丘吉尔即将担任香港卫星电视公司的副首席执行官。凭着耶鲁大学的商务学位以及精通英语、粤语和普通话的有利条件,飞机还没到香港,她就轻而易举地获得了在该公司总部做实习生的工作。工作期间,邓文迪保持了她一贯的作风,努力地争取每个表现自己的机会,从不打无准备之仗。她经常会毫不犹豫、不声不响地走进高级执行官的办公室,同他们进行讨论并提出大胆的建议。

1996年秋,鲁伯特·默多克到香港卫星电视公司总部视察。在一个盛大的鸡尾酒会上,邓文迪吸引了默多克的注意,两人开始交谈。这让几位高层雇员惊叹,因为邓文迪居然有本事与大老板初次相识就相谈甚欢。后来,邓文迪多次为默多克做翻译,又陪同他访问中国内地。1998年初,邓文迪开始以翻译的身份公开陪伴在默多克左右,和气又健谈的她为默多克带来了轻松自如的精神愉悦。

1999年,默多克与邓文迪举行了婚礼。邓文迪的聪明、温和以及独特的气质,给默多克的亲人留下了极好的印象,也使她顺利地成为传媒大王的新婚妻子。两年后,依靠高科技"法宝"——试管婴儿,邓文迪相继"生"下了两个宝宝。

而且,邓文迪凭借着自己流畅的中英双语交流能力和迷人的社交风采,为自己在新闻集团赢得了"默多克形象大使"和"亚洲外交官"的美誉。同时,她不断对新闻集团在亚洲的运营和投资施加影响,使亚洲成为该公司增长最快和最重要的市场。

可以说,邓文迪是成功的,同龄女人想要的豪宅、名车等,她都得到了更重要的是,她是创造奇迹的女人,成了一个新闻帝国的中国王后……她是怎么做到的?我们在感叹她受到命运垂青的同时,也不能不看到她自身的努力。她的成功告诉所有女人,如果你想成功,你就必须时时更新自己的思想、不断充电。

当今社会,创新已经成为企业、社会、国家发展的重要主题,每一个角落都需要知识、需要创新、需要正确决策、需要科学管理。同样,家庭生活也需要。很多女人会抱怨儿女不和自己交流,但反省一下就不难发现,孩子的思想领域、兴趣爱好你了解吗?他和你说"超级女声"你目瞪口呆,和你谈"视频聊天"你瞠目结舌,时间长了自然他就不说了。对牛弹琴的傻事谁会去做?夫妻间的交流也如是,他看足球,你没兴趣,那就当看帅哥,这样两人才能有更多的话题。

从这里我们可以发现,作为女人,充电是让自己永葆青春的最佳方法,具体来说,我们需要做到如下几点:

1. 找好充电的切入点

作为一名工作多年的职业女性,不一定要像职场新人一样,为了多多益善的证书而付出过多的精力。你要做的,就是找好充电切入点:一是职业所需极其实用的东西,二是本职工作能力的培养。

2. 充电是为了更好地工作

找到一份工作不容易,能"站住脚"更难,如果因为继续深造耽误了目前的工作,与敬业精神就不相符了,那么就不会有相应的业绩;没有业绩,怎么保证以后能找到更好的职位呢?所以说,充电和工作不该有任何冲突,充电是为了更好地工作。

3. 身边值得学习的东西是你最好的充电内容

深造不一定要脱离现在的工作,更没必要脱产走回学校。因为年龄、经济等条件不允许,我们不可能再走回纯粹的学生时代。随用随学,做有心人,留心身边的人和事,学会随时发现生活中的亮点,并注意总结别人的成功经验,拿来为自己所用,这可能是生活和工作中能让自己进步得最快的一招。

跟上时代,并让自己的生活有趣、谈话吸引人的上上之策,就是给自己充电。一个想要越变越好的女人,莫不希望能够扩大知识领域,并从中获得启示。知识不仅是力量,而且还像一面镜子一样可以照见我们的优缺点,不仅让我们拥有自知之明,还能让我们具有先见之明。终身学习,是每一个女人应当给予自身的功课,这样才有助于塑造一个智慧且具有正确世界观的聪明女人。

❀ 及时请教,让女人收获颇多

女人生活的艰辛在于单打独斗地在社会中"找钱"。生活中就有这样一些女人,她们像一朵骄傲的玫瑰,无论自己遇到什么问题,从不低头向他人求助。也有一些女人,她们如同饱满的稻穗,总是低着头,谦虚待人,遇到问题及时请教,因此,她们总是在不断充实着自己的大脑,不断进步。你更希望做哪一种女人?

现代社会,任何一个女人都知道充实的内在对自身发展的重要性,于是,为了丰富自己的大脑,她们进修、上电大、参加培训等,这固然是充电的良好方式,但聪明的女人还忽略了一点,那就是为什么不向"前辈"们请教呢?尤其对于那些精力有限的已婚女性,这种学习方式可以节省时间,而且不至于影响工作和家庭生活。当然,我们若想获得"前辈"们的帮助,还得注意请教的方式。试想,一个在职场不苟言笑、冷漠、拒人于千里之外的女人,别人会乐意帮助你吗?

张红是一个沉默寡言的人，不太喜欢与人交流。她每天一走进办公室就忙着处理手头的工作，从来不会主动地跟同事们说话，即使有人主动跟她交流，她也是你问一句就答一句，从不赘言。下班后，她也不参加任何活动，径自回家静静地想着怎样将工作做好。

陈燕是与张红合租房子的女伴，两人的性格完全不同。陈燕喜欢与人交往，也有很多朋友。她经常劝张红不要老是一个人待着，让她多出去走走，多认识几个人，这样不仅会对将来的发展有好处，心情也会有所好转。张红每次都对她的劝解一笑置之，还是像以前那样过着自己的生活。张红觉得，只要自己把工作做好就能获得丰厚的回报，而交际却只能让自己在工作上分心。

后来，张红被调到了销售部，开始和其他销售员一起进行市场推销工作。可是，她对销售工作缺乏了解，不知道如何推销产品，自然她的业务成绩很不理想。她想向那些有经验的业务员们请教一些经验，但她就是抹不开面子。

张红一筹莫展的这段时间，陈燕却春风得意：她不仅坠入了爱河，还晋升为公司某部门的主管。

某天，张红突然对陈燕说自己很羡慕她，觉得她特别幸运，而自己的命却很不好，周围的同事们似乎都排挤她，手头的工作也不知道如何开展。陈燕听后淡淡一笑，对她说："你怎么不求教那些销售老手呢？"

"我和他们没交情啊，怎么好意思呢？"

"任何交情都是一步步建立的，我们俩当初还不是不认识，后来不也是好朋友吗？再说，你要是虚心请教，我相信他们不可能不帮你的。"

张红想了想，决定按照她的建议试试看。

从那天开始，张红便随时随地提醒自己要有所改变。她尝试着主动与同事打招呼；尝试着仔细倾听并加入同事们的聊天行列；下班后，她也不再急匆匆地往家赶，而是积极参与同事或朋友们的聚会……刚开始，这些改变让她觉得很不适应，但是她还是坚持着做了下来，慢慢地也就习惯了。

而她的工作状况也较之以前有了很大的变化，有时，即使她没有提出请同事帮忙，同事们也会主动帮她做些事，那些老前辈们更是主动指点她在工作中的不足，渐渐地，张红在销售部做出了成绩。张红确实感觉到了自己的变化：以前那副深锁眉头的、面无表情的脸孔被淡淡的笑容所取代，那些有意无意之间发出的叹息声变成了快乐的笑声。

从这个故事中，我们看到了销售新手张红的职场成长经历，更看到了她的同事对她的帮助所产生的作用。在现实生活中，有很多像张红这样的女性，她们遇到问题不愿意向周围的人请教，更愿意独来独往。其实，及时请教不仅能改善你的人际关系，还能让你在工作上更有热情，当有了工作的那股热情后，成功就指日可待了。

那么，在请教的过程中，我们该注意哪些问题呢？

1. 知礼节

知礼节，是对现代女性的重要要求。而且，如果经常向异性请教，更要求彬彬有礼，讲究分寸。如果不分场合，不看对象，对任何人都表示出亲热、心直口快、喜欢攀谈，就可能引起对方或他人的误会，使之产生错误的联想，双方都会感到尴尬，从而影响到正常的交往。

同时，在生活中，如果向异性请教问题，注意不要涉及他人的隐私。即使彼此十分了解，是知心朋友，也必须控制自己，不要轻率冒昧。

2. 适当示弱

比如，在工作中，聪明的女人就不会整日黏着前辈、说好话，而是会主动制造机会，让前辈帮助自己，以显示前辈的能力与水平。这样，一旦满足了对方"好为人师"的心理，那对方自然也愿意帮助你。同时，在与前辈打交道的时候，一定要谨言慎行，千万不可自命不凡。只有这样，当你获得了前辈的支持，你在追求成功的路上便会如虎添翼！

3. 未雨绸缪,搞好人际关系

如果你渴望成功,渴望拥有优质的生活,那么,千万别忘了经营女人的力量之源——人脉。拥有良好的人脉关系是一个人通向成功的一条捷径。你或许从没有去过好莱坞,但你绝不会不知道好莱坞最流行的一句话——"成功,不在于你知道什么或做什么,而在于你认识谁。"美国石油大王约翰·洛克菲勒也说过:"与人相处的本领是最强大的本领。"因此,如果你希望在关键时刻得到他人的帮助,就不要忘记在平时就做好人际关系的积累!

❈ 艺不压身,女人要有自己的爱好特长

人生短短几十载,女人更是容颜易老,但高雅的气质却可以永存,聆听过古典音乐的耳朵,欣赏过美术作品的眼睛,吟诵过唐诗的嘴巴,所表现出来的优雅和高贵,是任何化妆品也修饰不出来的。爱家庭,然而家庭不是女人的全部,就算结婚了,也要活出自己的世界。

对于一个真正美丽的女人来说,生活绝不是枯燥无味的,无论在人生的什么阶段,她们总是能散发出与众不同的气质。因此,无论是二十岁纯情的少女,还是三十岁美丽的少妇,抑或是犹如经典老歌般四十岁的女人,都应该有自己的特长与爱好,这是她们珍贵的权利,爱好塑造又装扮了女人,使女人张扬的光芒和起落的尘埃走向极致。

而实际上,有某种特长爱好的女人,往往也散发出某种领域的特殊气质:爱好音乐的女人,其本身就犹如一首古老的曲子,让你领略那抑扬中的美感;爱品茶的女人本身也如一壶清茶让你品味那淡泊中的甘甜;爱旅游的女人就犹如冬天里高天上的红日,让你感受那缕缕温暖;爱绘画的女人就如同一幅国画,让你欣赏那唯美的朦胧;爱小说的女人则如一本浓情的小说,

让你不忍释卷;爱美酒的女人甚至有时候就如同一坛陈年老酒,让你浅酌个中的醇厚。即使岁月的红尘也锁不住她们的妩媚,她们不需浓妆艳抹,也不需奇装异服或新潮的发型和发嗲的声音,她们只需把沉淀的阅历和日月赋予的灵性展现,就会给你一种美的感觉。那是一种踏实的质感,是举手投足间令你经久不忘的风情。

例如,学习过音乐艺术的女人,她很注重对自己、家庭环境节奏性的表现。说话的语调柔美,声调抑扬顿挫,富有极大的磁性,语言逻辑严格,条理性很强,使周围的人们很容易接受,心里感觉也比较舒服。尤其是在外出办事的时候,优势更为明显:"你看这个女孩子,说出话来就是叫人爱听,话说得叫人心里痛快,你看她走路的姿势都那么优美。不像有些人好话没好说,一张嘴就跟打架似的,好像我欠他多少钱,满嘴都是垃圾,走路像是赶火车,撞了电线杆还说对不起。"

一个以艺术为爱好的女人,自然在举手投足间流露出不俗的气质。当然,每个女人的爱好不尽相同。

凤凰卫视的当家主持陈鲁豫,就是一个喜欢城市并且爱好广泛的女人。

她说,曾经喜欢三毛,喜欢三毛笔下神秘的异域风光,甚至于喜欢三毛的流浪,那是一种最好的人生状态。而三毛所受的一切苦难,都被她单纯且同样浪漫的心灵过滤掉了。后来因为做了电视主持人,有了机会和三毛一样地周游世界,才发现,她是不能离开城市半步的。如果到一个没有人烟的地方譬如沙漠吧,她会立刻惶恐,感觉不到城市的脉动与呼吸,她整个人会立刻窒息。因此,不能想象三毛竟然可以那么乐观地行走于大漠荒野之间。因为喜欢城市的丰富与美丽,如果自己选择出门旅行,她多半会去世界各地的大城市,尤其是欧洲,因为欧洲的古老文化与现代文明是如此和谐地统一着。

"我的兴趣比较广泛,只要是美的事物我都喜欢。也许正是如此,在我工作、生活中遇到困难,感到太疲惫、太压抑、太困惑时,我就用自己的喜好来调整自己。有时候,人不一定要赚到很多钱才能得到自己想要的东西。我没赚到太多的钱,也没花太多的钱,一样得到了快乐。在我的工作遇到'瓶颈'时,为了让自己不因为工作的困顿压倒自己,在走访市场时,我从郊外采来野花野草什么的作为插花材料,很有创意地插上一盆野韵十足的插花,摆放在办公室里,增添一些生机。那时,公司里已经由原来的十几个人只剩下几个人了,我不喜欢办公室里太沉闷,还是一边说说笑笑的,一边搞我的插花创意。"

这就是真实、坦率的鲁豫,习惯于城市的生活,丝毫不掩盖无法适应三毛笔下的撒哈拉沙漠。鲁豫的爱好也是独特的,走在巴黎的大街上,她觉得好像是走进了一幅画;坐在路边的咖啡馆里,她可以长时间一动不动,只为静静地欣赏窗外美丽的风景。

兴趣与爱好给女人带来高雅和品位,她会用自己的眼睛发现身边的美,并用心去感受它,虽然她不是贴着"标签"的艺术家,但却有着极好的艺术悟性和艺术灵性。

当然,每个人的兴趣爱好都是不同的,你可以选择适合自己的某项爱好或者培养某方面的特长。

1. 旅行

旅行可以增长我们的知识,让我们在有了更多见识的时候,发现某些更符合自己内心愿望的爱好,而且真正见过的就比只在书上看过或者听人说过的更有感触动。另外,一个爱好旅游的女人往往心胸更广阔,应对问题时更有弹性。

2. 音乐

音乐作为一种艺术,它之所以能打动人,是因为它能以动感的声音方式表现出一种情感,它所蕴涵的宁静致远、清淡平和,可以使终日奔忙、身心俱疲的现代人得到彻底的放松。作为奔波于现代闹市中的女人,你一定要懂一点音乐。在音乐的圣殿中,我们能暂时忘记工作生活中的不顺心,获得音乐给予我们心灵的滋养。

3. 舞蹈

当你随着音乐起舞的时候，你的音乐感、音准、韵律、节拍的敏感度和数学逻辑都能够得到提高，脑部及身体的协调能力也可以得到锻炼。

4. 读书

书是人类进步的阶梯，女孩子"腹有诗书气自华"，俗语"读万卷书，行万里路"也是这个道理，读书可以让女人见闻广博。

毕竟是吃五谷的凡人，哪有不遇到烦心事的呢？只是，女人一定要给自己培养几项兴趣爱好，比如画画、看书、做瑜伽、听音乐、唱歌、旅游……学会有情趣的生活，我们平凡的生活就不会再单调！

❋ 阅读经典，将永不过时的美丽埋在心底

现代社会是个多元文化交错、流行趋势不断变更的社会，一个女人不可能只接受单一的某一种文化，更不可能永不停歇地追着时尚潮流。生活中，我们发现有这样一些女人，无论外在世界如何变化，她们总是手捧一本经典书籍，让自己遨游在书的海洋中，当周围的一些女人感叹自己内心空虚、容颜易老之时，她们却因为内心不断受到书的启迪而欣喜若狂；当其他女人疯狂地为某本时尚杂志排队等候时，她还沉浸在书中美轮美奂的画面中……她们爱读经典，因为她们觉得，那是一份永不过时的美丽。同样，她们也总是散发着一种古典气息，让围绕在她周围的人感受到浓厚的书卷气。

时间可以扫去女人青春的红颜，却扫不去女人经历岁月的积淀之后焕发出来的美丽。这份真正的美丽就是女人的内涵、修养与智慧，她就像秋天里弥漫的果香一样，由内而外地散发出来。

有人曾形容女性：女人如花，千娇百媚！花有百媚千红，女子则有风情

万种。花与女人,有着很深的渊源,女人爱花、怜花,有花的地方定有女人。诗仙李白曾这样描述女性:"越王勾践破吴归,义士还乡尽锦衣。宫女如花满春殿,只今惟有鹧鸪飞。"有些女性的外表并不漂亮,也算不上天生丽质,但她们的举止十分得体幽雅,举手投足,或一颦一笑都让人赏心悦目。其实,女人并不需要过多地去装扮,如果有涵养,三分漂亮可增加到七分。总之,女人拥有内涵比外在美更重要,女人可以不美丽,但一定要有内涵。

女人的内涵从何而来,是读书!但并不是所有的书都能带给女人这种永不过时的美丽与气质!任何一个有内涵的女人,都会把阅读经典当成日常生活中必不可少的一门自我修炼的功课!

有一种女人,她年少的时候并不美,像一块平平无奇的鹅卵石,陪衬着光彩夺目的名玉。可是随着时光的流逝,她退却了青涩,过滤掉渣滓,留下来的是云清月朗的本质。这种女人,本身就如同一本内蕴深远的经典,仔细品读、反复阅读,能不断发现她带给我们的美的感受。

一个爱好阅读经典的女人不会随岁月的流逝而失去光泽,却会越发显得耀眼迷人。智慧是女人美丽不可缺少的养分,是充满自信的干练,是情感丰盈的独立,是在得到与失去之间心理的平衡。

莎士比亚说过:"书籍是全世界人的营养品,生活里没有书籍就好像没有阳光,智慧里没有书籍就好像鸟儿没有翅膀。"女人一定要爱读书,更要爱读经典,实际上,这正是与一些高尚的人交朋友,如列夫托尔斯泰、莎士比亚、罗曼·罗兰、巴金、钱钟书、三毛等,在他们的作品中寻找生命的价值和真谛,你难道就没有发现你获得了人生的充实和安宁吗?就像著名作家王玉君说过:"世界有十分色彩,如果没有女人,世界将失去七分色彩;如果没有读书的女人,色彩将失去七分的内蕴。爱读书的女人美得别致,她不是鲜花,不是美酒,她只是一杯散发着幽幽香气的淡淡清茶。"

那么,作为女人,我们该阅读哪些经典呢?

1.《红楼梦》

被誉为"中国古典四大名著"之一、"中国古今第一奇书"、"中国古典小说的巅峰之作"、"一本不读就是人生极大遗憾的书"。《红楼梦》是18世纪中国最伟大的文学巨著,它不仅是中国文学之林的珍奇瑰宝,也是世界文学海洋中一颗璀璨的明珠。这部中国文学史上最伟大而又是最复杂的作品,它描绘的社会现实,波及封建社会的官场、家族、意识形态等诸多方面,它描述的爱情悲剧,不知使多少读者为之一掬同情之泪。

2.《第二性》

西蒙娜·德·波伏娃的《第二性》被誉为"有史以来讨论妇女的最健全、最理智、最充满智慧的一本书",被《时代》周刊评为"20世纪改变人类思想和生活的10本书"之一。当代西方女权主义运动的"圣经",也是迄今为止对女性问题研究得最为透彻的一本书。该书出版于1949年,对妇女运动的第二次浪潮起了推波助澜的作用。

3.《简·爱》

一个平凡女人不平凡的生活经历,一段曲折离奇而又缠绵动人的爱情故事,一部经久不衰的经典名著。有这样一本书,只要一打开,便摆脱了书的形式,顽固地融入你的生命。恰似一朵美丽的花,即使凋谢了,记忆中仍久久地萦绕着它的芬芳,挥之不去。《简·爱》就是这样一本书。《简·爱》是英国19世纪女作家夏洛蒂·勃朗特的代表作,女主人公简·爱是一个追求平等与自由的知识女性形象,本书以对一位"灰姑娘式"的人物感人的奋斗史的刻画而取胜,是女性文学的代表作品。

4.《金锁记》

《金锁记》是20世纪40年代中国文坛最美的收获、中国自古以来最伟大的中篇小说、享誉文坛的女作家张爱玲的顶峰之作。

张爱玲以她出奇的才华、敏锐的洞察力和对生活独有的诠释,把20世纪三四十年代上海的万千风貌诉诸文字,留给后人去品味和咀嚼。从她文字的奇异色彩、故事的悲切哀婉、叙事态度的漠然冷淡中,读出了她本人的傲然、深刻、苍凉,也读出了乱世故事中蕴涵的特有的人生哲学。只是轻描淡写,便呵成一片苍凉的气氛,这就是张爱玲,1943年在上海文坛横空出世的天才,也仅有她才能创作出如此空前绝后的文萃精华。

　　当然,女人需要读的经典远不止以上几本,如果能让阅读经典伴随我们一生,那我们将会在发如霜雪时仍旧美丽依然,魅力十足!

第 8 章

美丽是女人一生的追求,幸福需要精心地装点

人说,漂亮的女人不如可爱的女人,可爱的女人不如有品位的女人。有品位的女人不一定有多漂亮,但她一定是一个耐看的女人,透过她的装扮、她的爱好甚至举手投足,都能感受到她高贵的气息。一个高贵的女人并不是迂腐、不懂得更新自己的女人,而恰恰相反,高贵的女人是时尚的最敏感的捕捉者,她们总能引领时尚的潮流,嗅到时尚的气息。可以说,一个女人的魅力来自于她的品位,要想做一个魅力女人,就要从提升自己的品位开始!

❋ 不修边幅的女人没有幸福可谈

衣着打扮犹如一首美丽的乐曲,悦人的仪表也是与人沟通的一种艺术。女人需要用心去塑造自己明确而有特色的形象,这样的形象既符合身份又能左右他人的感觉,与人交往、办起事儿来自然会感到游刃有余。同时,我们都知道"爱美之心,人皆有之"的道理,"女为悦己者容",任何一个男人,都对那些打扮精致的女人更倾心,也都不希望自己的妻子不修边幅。而实际上,在中国,不修边幅的女人不在少数,尤其是当她们有了孩子、逐渐进入中年以后。她们往往有如下心理:一是保险心理,以为"革命"到头,可以马放南山了,所以衣着随便,不再注意修饰;二是懈怠心理,就是不再"严格要求自己",一切马马虎虎,得过且过。男人都是视觉动物,这样的女人能不让丈夫失望吗?她的丈夫也许嘴上不说什么,可心里很介意。而这才是真正的危险所在。一句话,不修边幅甘做黄脸婆的女人太粗心。

陈先生是北方一所大学的博士研究生,一年前,他与李小姐结为夫妻。以前的他很享受婚姻生活,在学校苦战了一个学期后,他便迫不及待地往家赶,希望尽快回到娇妻身边,享受一个温馨而轻松的假期。而半年之后,他很快发现,当资料员的妻子一点儿都不会做家务。更为严重的是,那个他曾经认为是美女的妻子不见了。以前追她的时候,她每天都会衣着光鲜地与自己约会,而现在的妻子已经不修边幅。他说自己的家像个狗窝,摸到哪儿都是灰,走到哪儿都是满眼的脏。妻子的衣服从来都是塞进柜子里的,穿起来永远都是皱皱巴巴的。如果她8:30上班,那一定是8:10才起床,然后从衣柜里随手抓起一件衣服穿上,冲向洗手间胡乱整理一下,套上昨天穿过的脏鞋便匆匆出门。下班后也不思量做什么菜,永远都是只会做西红柿炒鸡蛋、红萝卜炒肉和清蒸鱼。陈先生还试图提醒妻子,"我们已不是单身汉了,要考虑怎样过好小日子",建议她改变一下自己的生活习惯,她听后不是和陈先生红脸就是做不搭理状。

不仅如此,陈先生还发现,每次希望就这个问题谈谈,但还没和妻子谈上两句,妻子就对他循循善诱起来了。她还时不时地在陈先生面前说,某某的老公不久前拿到了美国的全额奖学金;某某的老公已经做了博导;某某的老公从国外读完 MBA 归来,被几家外企争着要,年薪高达 8 万美元等。为了不让陈先生落后于"某某"的老公,陈先生每次回家都被妻子管得严严的,只能埋头苦读,大门不出,二门不迈。

故事中,我们发现,陈先生最为不满的就是妻子婚前婚后的变化,可以说这也道出了很多男人的心声。任何一个男人都希望自己的妻子每天都能赏心悦目。那些出现婚姻危机的女人,很多时候,都与其让丈夫产生审美疲劳有一定的关系。

当然,对于已经步入婚姻殿堂的女人,的确没有过多的精力去装扮自己,但不妨做到以下几点:

1. 穿着最适合自己的服装

不是美丽的衣服都适合你。聪明的女人懂得选择最适合自己的服装,而不是最美丽的服装。女人的服装要适合自己的身材、适合出入的场合,还要适当掩盖自己的缺陷,这样的服装才能让女人神采奕奕。

2. 化最适合自己的妆容

女人需要长期地坚持肌肤养护,让容貌达到最好的状态。另外,出去办事的时候也需要化淡妆。一是可以让自己美丽,另外也是对他人的尊重。女人最好随身携带镜子和必要的化妆品,以便随时补妆。

3. 恰到好处的打扮

无论服装还是化妆,都不要将最前卫的状态表现出来,要打扮得恰到好处而又不失韵味。人们接受时髦是需要过程的。如果去办事,头顶着蓝色的头发,脚穿超高跟的鞋,多少会让人有些接受不了。女人的衣着打扮需要有个度,既不要太落伍,也不要太时髦。

4. 女人在平时也要注重打扮,为自己积累好印象

女人不能只在办事时才忙着打扮自己,平时的打扮也不容忽略。每天出门的时候应该问一下自己:假如我在路上碰见了同学、朋友、领导,我这样的打扮合适吗?印象在很多时候不是一时形成的,平时积累的印象,才是他人的最终印象。

遵循这样的原则穿衣打扮,能不偏不倚,恰到好处,至少在礼仪上不会失分。但是你最好还能在把握好礼仪尺度的前提下,学会根据场景和自己的自身情况穿出自己的风格,这会让你的魅力大增!

❀ 美丽在于品位,不在于奢华

身处现代都市的女性,穿梭于钢筋水泥的"丛林"中,忙碌于节奏紧张的工作中。她们带着憔悴的面容、疲倦的心灵,但她们中聪明的那些人,懂得在忙碌的工作之余去品味生活,她们会去青山绿水中感受自由的愉快,在美妙的音乐中释怀沉闷的心绪,通过运动去舒张年轻的身体。这使得她们平凡的生活增添了很多乐趣。同时,她们也会跑遍城市的各个角落,只为了一件美丽而不妖娆的衣服……

漂亮是女人的外壳,而品位则是女人的灵魂。高雅的品位,更能体现女人的漂亮与柔媚,使女人变得多姿多彩富于生机。品位能体现女人对美好生活的追求,勇于接受新鲜事物,乐观的生活态度,健康的心理。高品味的女人,她的笑像春风,像一朵盛开的花朵,像涓涓清泉流入你的心里,即使她说拒绝你的话,也免不了后面带两声银铃般爽朗的笑声,让你有所失又有所得;她的神态是跳动的音符,能奏出优美的旋律,令你遐想、陶醉;她的静像幽兰,散发出的幽香梦幻似的飘浮着,令你神清气爽。

外表漂亮的女人不一定有味道,有味道的女人却一定很美,因为她懂得"万绿丛中一点红,动人春色不须多"的规则,具有以少胜多的智慧;凭借一举一动,一言一语,一颦一笑之优势,尽现至善至美。

有一种女人,她们并不漂亮,但看上去却很舒服,有着为人母的慈爱,为人妇的贤淑,一举一动都透露出高雅的涵养、聪慧与贤达,这是一种很有品位的女人,也是最被人欣赏的一类女人。

有品位的女人,拥有人类最原始的天性——善良。她们待人友善、平易近人,不摆高姿态,但她们也有自己的为人准则。她们不计较得失,没有报复心,用一颗平常心看待世界,用理智的头脑来思索人生。

有品位的女人,也会是个智慧的女人。智慧是人最重要的东西,智慧的女人懂得为人处事的真谛,经得起花花世界的诱惑,不会随波逐流,明白家、朋友、事业之间的关系。智慧的女人爱好广泛,喜欢读书和学习新的事物,注重自身的内涵修养。

有品位的女人,恬静淡雅而不妖娆,她们也爱美,但她们展现给人们的,总是最真实的美丽。她们不喜欢浓妆艳抹,喜欢清水芙蓉的自然美,虽不是天生丽质,但有着洁净的脸庞和干练的气质。

有品位的女人,注重自己的健康。她们有着良好的、积极向上的心态,随时保持乐观的人生态度。她们能够积极地面对人生中的困难与挫折,有着顽强的斗志和毅力,健康的体质是现代生活中不可缺少的财富。所以保护好自己,多爱惜自己,无论是心灵还是身体,因为只有健康才能透出真正的美。

有品位的女人很成熟,并不是只会任性撒娇的小女孩儿,成熟是人最理性的标志。成熟的女人不仅有成熟的身体,更应该有成熟的心灵,大多数的女人很感性,还有的女人矫揉造作,这种女人一般不用理性的目光看社会,不用理性的头脑思索人,依赖思想较严重,缺乏独立性。而成熟的女人,一般都是具有独立撑起一个家的能力,即使没有男人照顾,也可以把自己的家

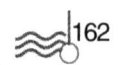

园建设得很美好。内心成熟的女人遇事一般不冲动,自制力强且善于分析问题和解决问题。浑身散发出来的气息很有女人味,像个熟透、香甜的红苹果,很惹人喜爱。所以,成熟的女人才拥有真正的魅力。

女人,真的不一定漂亮,但一定要有品位,有品位的女人才是最美丽的女人。那么,我们该如何装点自己,让自己成为一个有品位的女人呢?

1. 要懂得时尚

时尚是女人和未来世界接轨的最重要的方式,时尚也是一种个性生活。真正懂得时尚的女人,同时也是这个社会的新新女性她不是一个一成不变的角色,她在职业女性与贤妻良母之间变换自己的角色,什么场合,什么分寸,毫不含糊。她们的生活因为懂得时尚而变得多姿多彩。

2. 做个精致的女人

精致的女人就像一件高档的珠宝,熠熠生辉、细腻璀璨,让人爱不释手。精致,不一定就需要高档的衣服、首饰或其他道具来塑造,更多的是一种生活态度:沏一壶茉莉花茶的时候,放 2 颗玫瑰、加一勺蜂蜜,是一种精致;品茶的时候,知道用自己心爱的瓷杯,或者透明的玻璃杯装上,而不是用一次性纸杯,是一种精致;每晚睡觉前,仔细地在镜前端详自己,并且高兴地想"我还是美丽的",也是一种精致;知道施华洛世奇的水晶和地摊上的水晶,有何区别,并不一定去买,同样是一种精致。

3. 做个有情趣的女人

有情趣的女人能够给生活涂上色彩,使生活变得五彩缤纷,让劳碌奔波的男人回到一个温馨的家,拥有一份轻松快乐的心情。男人们会从这些情趣中感觉到这就是一种幸福,他们会觉得,女人有了情趣会更加美丽动人。

4. 做个矜持的女人

我们知道,名贵的菜,它本身是没有味道的。只有在烹调的时候佐以姜葱才出味!所以,女人也是这样,不管你是白领还是蓝领,待字闺中也好,初为人妻也罢,作为女人的你,妆要淡妆,话要少说,笑要可掬,爱要执著,更要自爱。无论在什么样的场合,都要好好地"烹饪"自己,使自己秀色可餐,暗香浮动。永远不要大大咧咧,风风火火。要谨记,凡事要有度;矜持,永远是最好的选择。

真情真性的女人都是有味道的,是紫丁香一样的淡雅,是白玫瑰一样的幽香,是红牡丹一样的高贵……无论你漂亮与否,都应该努力做个有品位的女人!

❋ 一点点精心的点缀,让女人拥有最特别的味道

现代社会,对于任何一个追求个人生活品质、注重个人魅力的女人来说,香水是不可或缺的重要物品。它与女人的其他物件——服饰、妆容、佩件不一样,它无形,但却无时无刻不萦绕在女人的周围,彰显着女人的气质,衬托着女人的风雅,昭示着女人的品位。

其实,每个人都是不同的个体,除了体现在内在的秉性、脾气、性格等方面外,还体现在"气味"上。每个人都有属于自己的特殊味道,从内到外,从心灵到服饰。因此,香奈尔说"香水是女人的第二件衣服",因此阿尔帕西诺可以"闻香识女人"。为了让周围的人更多地感受到自己的气味,女人们需要选择一款能够代表自己的香氛,在感染和弥漫之中,告诉周围的人,这是"我独特的味道"。

香水是很性感的、有情趣、有气氛、有空间的,有了香水便有了环境、氛围、意境以及想象力。一个女人对香水的拥有和使用,更能代表女人"修炼"和成长的程度,对香水的需求更能表明女人的完美和成熟。以下是世界十大香水品牌:

1.毕扬,由名牌服装设计师毕扬调制,是最昂贵的香水,有浓郁而神秘的东方香味。

2. 欢乐,由巴黎服装设计师尚巴度推出,其茉莉香味,名副其实地能带给女性欢乐。

3. 第凡内,优雅的欧洲风格,以茉莉与玫瑰香味为主,混合森林基调。

4. 狄娃,繁复的香味,适合最时髦和最浪漫的女人,由恩加罗公司出品。

5. 鸦片,浓郁的东方香味,神秘而具诱惑力,圣洛朗公司出品,每盎司175美元。

6. 小马车,爱玛仕的招牌香水,每盎司170美元。

7. 艾佩芝,雅致的花香味,同时散发出纯朴的气息,由浪漫公司推出,每盎司170美元。

8. 香奈儿5号香水,1921年上市,5是香奈尔女士的幸运数字,在其精品系列中,不论珍珠、表链、首饰,均以5为标志,其开瓶香味为花香乙醛调,持续香味为木香调,香奈儿5号的花香,精致地权释了女性独特的妩媚与婉约,每盎司170美元。

9. 一千零一夜,娇兰的著名香水,有东方松脂的味道,每盎司170美元。

10. 象牙,帕门推出的女性香水,风格清新,每盎司165美元。

英语中"wear"是穿戴之意,也是涂抹香水时"涂"的用词,这就给香水增添了一层"魅力之衣"的含义。有人说香水是一件"看不见的华服",也有人说"香水是魅力之源",还有人说"不用香水的女人是没有品位的女人",香奈尔更果断地宣称:"不用香水的女人是没有未来的女人。"用香水不算难,难的是会用香水。因此,是否懂香水、是否有能力恰到好处地使用香水,直接的结果就是让他人一闻此香,便"识"得了这女人。聪明的男人都深深体会到"闻香识女人"这句话,是非常有道理的。当一个女人从你身边走过,她的"香味"会情不自禁地告诉你很多关于她的信息:她的性情,品味,职业,年龄等。香水是有个性和灵性的,一个女人选择一款香水,绝对不是偶然。而聪明的男人更要懂得一个女人不可能只拥有一款香水,香水的气味会随着女人心情的变化而变化。所以,聪明的男人能够"闻香识女人"——通过香水洞察一个女人。

香水具有很强的传播性,使用香水不仅要考虑自己的感觉和喜好,还要特别考虑他人的感觉,不相融的气味对人的排斥感常常大于不和谐的装束和打扮。那么,作为女人该如何使用香水呢?

1. 应涂抹在合适的位置

香水适宜涂在身体穴位和一些敏感的部位,如手腕、耳后、胸口、手臂内侧、大腿内侧、膝后、脚踝,这些部位体温较高,脉动明显,血液循环较快,宜于香气的挥发。

香水不宜使用在汗腺较多的部位,以免香水和汗水混合产生令人难以接受的气味。

此外,香水也不宜涂抹在暴露的部位,如面部、颈部,以免外界阳光和温度的变化改变香水的纯正气味。

不要将不同系列的香型化妆品混合使用,比如说浓烈的定型美发产品、沐浴液、护肤品、外用药等,那样会使香味冲突,适得其反。

2. 控制香水的浓度

涂抹香水的浓度是需要恰当控制的,对于经常使用香水的人,感觉香味略微不足正是香水浓度适宜的分量。香水过于浓烈,搞得满屋子都是你的香气,这是不顾忌他人的粗俗的表现。

3. 香水的气息应该与你的地位、职业、年龄、个性以及服饰和出席的场合相适应

香气有助于强调这些特性。在职业、社交、休闲运动三大场合中,选择香型是有讲究的。职业场合,香气应是知性的、清新的、高雅的、温柔的;在社交场合,香气应是性感的、艳丽的、饱满的、个性的;休闲运动场合,香气自然该是活力充沛、振奋舒畅、清新愉悦的。

4. 一些场合不适宜涂抹香水

葬礼、宗教礼仪、探望病人切忌使用过浓的香水,进餐时也不宜使用浓

烈呛人的香水。

5. 使用香水要注意气温的变化

气温增高时，人的嗅觉会变得敏感，香气易于扩散，因此春夏季香水的浓度应低于秋冬季。人的嗅觉功能随着年龄的变化也会发生相应的改变，年轻人嗅觉敏感，适合清新、清爽、浓度低的香水。随着年龄的增加，嗅觉能力渐渐迟缓，可以增加香水的浓度，以此也可与成熟的气韵、讲究的服饰相配合。

6. 好的香水需要好的保养

香水使用后要尽快盖好瓶盖，以免挥发造成浓度的改变，使香味变质。新购买的香水可以放置一段时间再使用，既有了几分愉悦的期待，香气也会变得更加纯正宜人。

7. 香水最好交替使用

因为人对香气是有很强的记忆功能的，不要让某一种香气成为你固定的代表气味，当然如果你执著地迷恋一种香气，那也是一种个性。

要想熟练自如地使用香水，也是需要不断体会和积累经验的。香水的个性应与自我的气质浑然一体或相互补充，这样才能体现出你独特的个人魅力，而这正是使用香水的最高境界。

❋ 打造精致的服饰妆容，散发你的气质

在这个世界上，美丽的女人是一道靓丽的风景线：有的婉约淡雅如茉莉，沁人心脾；有的热情如玫瑰，风情万种；有的圣洁素净如月季，清爽朴素……女人以不同的姿态、不同的容光、不同的故事、不同的灿烂，抖下千种风情百种芳华，装点着一片灿烂的天空。做个美丽一生的女人，是很多人痴痴追求的绮梦，但美丽并非天赐，所有的美丽，都是要用心经营和塑造的。

用培养气质来使自己变美的女子，比用服装和打扮来美化自己的女子，要具备更高一层的精神境界。前者使人活得充实，后者把人变得空虚。而最完美的恰恰是两者的结合。我们都知道心理学上的首因效应，很多人都认为"以貌取人"的观念是错误的，但在眼光锐利的高明者那里，据"貌"断人是常有的。因此，女人应该高度重视容貌对他人的视觉影响。女人应该力求使自己的容貌给人的感觉好一点，也就是美一点。

奥黛丽·赫本出演的罗马公主已然深深印入了许多人的脑海中，她那优雅的气质，高品位的穿着打扮，让无数的女孩子都有了些许赫本情结，那就让我们向她靠近：

在奥黛丽·赫本事业刚起步时，她就很清楚自己喜欢的风格，并与设计师纪梵希进行了一生的合作。她曾说过："你的衣服给予我在电影角色中灵感与生命，当我穿上你设计的衣服时，我就能进入角色的生命中。"

从1953年的《罗马假日》起，奥黛丽·赫本几乎每演一部电影，都会带起一股新的流行浪潮。即使在今时今日重看她演的那些老片，赫本的装扮仍然光彩夺目。提起"赫本"这个名字，叫人联想到的是纪梵希、Ferragmo、Burbwrry等一系列设计大师的名字。像是从天而降的缪斯女神，赫本为品牌注入了不朽的灵魂，令天下无数女子为之心醉神迷。

"人们梦想拥有一个很大的游泳池，但我却梦想拥有一个很大的衣橱。"她对服装的见解与选择，让"赫本风格"至今仍是全球众多女性模仿的对象。多年之后，奥黛丽的穿着方式仍然可以作为现代女性的参考，像：简单黑色小洋装、无领无袖洋装、白衬衫、剪裁合身套装，或是俏丽七分裤、黑色高领毛衣、围巾，甚至于平底芭蕾舞鞋、低跟鞋、大的黑色太阳眼镜，都是她的"注册商标"。现今，许多品牌设计师的服装系列中，还将这些款式命名为奥黛丽款式——以她优雅、简洁、大方的风格表现出超越时尚流行的境界，展现出一种经典之美。

至今，赫本的风格与个人品位仍能够赢得全世界时尚人士的一致认同，这无论是在名流或明星中,都是非常少见的。一个真正有魅力的女人必是内外兼修的,在容貌上比不上别人,但却能凭气质取胜,这种美丽才是长久的,永不凋谢的。一个女人的美需要呵护,需要表现,需要修饰,这就是赫本告诉我们的。那么,我们该如何在服饰与妆容上修饰自己,从而散发出自己的气质呢?

1. 合体的衣着

合体的衣着是女人给别人的第一印象。现代女性更应懂得,服饰仅仅是为了美或为了"女为悦已者容"这种观点已经过时了。决定今天你该穿哪套服装的因素,不是你的喜好,不是你的情趣,也不是你希望打扮得漂亮出众的愿望,而是你今天到哪里去,你去做什么,你希望得到什么。在这里,为你介绍国际通用的着装规范——TPO原则,TPO是三个英语单词的缩写,分别代表时间(Time)、地点(Place)和场合(Occasion),说的就是着装要符合时间、地点和场合,不同场合的服装有不同的着装特点。

2. 合适的脸部妆容

女人本来是一朵花,化妆会让女人更加明艳照人。而在生活中,一些女人常不修饰容貌,甚至在重要场合也不修饰容貌,这是对容貌的重要性认识不足,否则最低限度也会做点什么,如涂一点口红、修一修眉毛等,方法差一点不要紧,至少表明你知道这是重要的。当然,化妆是很有学问的,妆化得好,会让你更加美丽动人,否则,只会令人生厌。适当的化妆,会使女人更具有魅力!

3. 不要忽视饰品的作用

现在饰品的种类非常多,有头饰、项饰、胸饰、腕饰、臂饰等,这类佩饰是纯装饰性的饰品;还有围巾、腰带、手表,这类是具有很强装饰性并兼具实用性的用品。它们与人体、服装、香水等互为作用、互为组合和搭配,塑造了女人风采各异、五彩缤纷的种种风情。

天生丽质的女人固然好,但后天的精心打造和修饰也能造就美丽女人。

如果说读书是为了悦心的话，修饰则是为了悦目。假如你天生丽质，那一定要精心呵护和修饰，这样必将锦上添花，让你傲然绽放成一个性感妩媚的女人。性感不一定与漂亮有关，那是一种超越视觉，"撩人于无形"、成之于内而形于外的独特气质，是需要用心去经营和积累的！

❋ 不要千篇一律，独特才是致命吸引力

人们常说，女人可以不漂亮，但一定要有气质，而气质来自一个人的风格。现代社会，几乎所有女人都对时尚很为敏感，但也有很多女性误解了时尚的含义，她们认为流行就是时尚，就是要赶时髦，于是，她们经常会踩着他人的脚步、追寻着所谓的时尚。而实际上，你是否发现，明明挂在衣架上的衣服风格很好，可穿在自己身上就不是那个味道了；同样一件款式的衣服，穿在不同人身上的味道却不同。可见，有时候，我们若想穿出属于自己的气质，就不能千篇一律，要穿出自己的个性，穿出自己的风格。

奥黛丽·赫本，这个时尚界一直经久不衰的名字，她作为模特、时尚潮流的领导者而风靡一时。她在银幕上高雅迷人，频频出现在世界各大杂志的封面上；在生活中，她随和、真实，也不介意别人拍摄下她的每一刻。

奥黛丽·赫本对衣着的态度十分执著——执著于她所买的衣服，也执著于自己的穿法。在拍《甜姐儿》时，就发生了一次令人印象深刻的争执。导演要求奥黛丽·赫本穿上黑色紧身裤、黑色上衣和黑鞋，但却要她穿白色袜子。奥黛丽·赫本很坚决地说："穿白袜子会破坏整个黑色线条，我的脚看起来会不连贯。"导演坚持表示，如果不穿白袜子的话，整个人会被背景溶掉，她的动作会看不出来的。她大哭并跑进衣帽间，恢复平静后，她换上白袜子继续拍戏，后来，她看了这幕戏后，便向导演递上了致谢字条。因为她一直担心穿白袜子的话，会显得她8号半的大脚板更大，于是才急得哭起来。

除了执著的穿衣态度另外，Burberry 的外套也是赫本的至爱。Burberry 最大的特色是不花哨，不张扬，款式简洁，但几乎每一款都成为经典，尤其引以为傲的是独一无二的格子图案。赫本最喜欢双排纽扣系腰带的款式。

赫本买衣服重质大于重量，如果是衬衫的话，那一定是质料一流的衬衫。她也喜欢一次买多套不同款式的裤装，然后互相配搭穿着，穿起来很好看。奥黛丽穿衣喜欢裸露双肩，突出瘦长的手臂，又喜欢贴身，从而显露细腰的裙子或裙装，当然，她的腰才 20 英寸，自然要表现她这个最美丽的地方。她的衣柜绝不会出现十分夸张的衣服，因为她相信优雅是最重要的，金属亮片这种金光闪闪的东西以及夸张的剪裁，绝不适合穿在她的身上。

可能她的儿子西恩对她风格的形容比较精准："风格是我们为着多样的目的频繁使用的一个词，而我的母亲奥黛丽·赫本，则通过她一生的言行纪律，从内在美延伸拓宽了它的涵义。她关爱别人，心怀博爱，她之所以纯净文雅，是因为她相信简单朴素就是一种美和力量。她的精神品质使她不朽，她的自我检讨与客观评价则令她至今仍是风格隽永的偶像。她从不随波逐流，人云亦云，更不会为任何原因改变自己。她热爱服装，但也只把它作为一种工具让自己衣着光鲜。"

也许赫本高雅的最大奥秘就是她有能力将自己的特质最大限度地转变为优势，强调她的纤柔与高挑，把她的优势表现出来。她了解自己的缺点与优点，她发展了属于她自己的风格。她引领的风潮，前卫的风格几十年来风行不坠，历久弥新。她唯一的规则就是不要盲目地跟着流行走。事实上，她总是遵循着自己的趣味，坚持着自己的步调。任何衣服穿在她的身上，绝对不会显得喧宾夺主，这就是时尚界所说的"是奥黛丽穿衣服，而不是衣服穿在奥黛丽身上"，而纪梵希的卓越才华也增加了不少裨益。

可见，时尚并不是千篇一律的，独特才是致命的吸引力。作为女人，我们不用羡慕别人的身高和美腿，也不用模仿谁的发型，更不能盲目地跟随流行。

那么，我们该如何穿出属于自己的独特呢？

1. 找到适合自己的风格

我们经常能听到别人的赞美："这个女孩很可爱"、"她的女人味儿很浓"、"她真高贵"、"她很干练、帅气"、"她很时尚"等等。而这些风格绝对是一个女人周身上下散发出来的一种与生俱来的氛围，是你区别于任何其他女性类型的个性标志，也是你要进行打扮的"底子"。

无论你身材高低胖瘦，五官如何，你都会有你确定性的风格和魅力。她来源于你面部的线条、五官的大小、身体的线条、等给人的感觉。这些风格因素影响着你穿衣的风格。你知道你的身材与服饰是有呼应的，那你找到身材与服饰呼应的规律了吗？因为每个人的五官、身材、性格的差异，衣着的裁剪、选料、图形以及鞋、包、饰品、化妆也应有所不同。而通过线条分析，就可以找到自己最佳的穿衣风格，让自己在各种场合都能个性而得体地展现自我的魅力，从此不再为服装的选择和搭配而烦恼。

身材线条分为直线型、曲线型和混合型三种，直线型的身材比较适合穿直线造型和剪裁的服装，曲线型的身材比较适合穿曲线造型和剪裁的服装，混合型的身材比较适合穿混合造型和剪裁的服装。如果穿上了不符合自己身型线条的服装，就会让自己的魅力减分。

2. 客观看待流行

一个爱漂亮的女人，必须要有自己的穿衣风格和自己的审美倾向。要做到这一点就不能只跟着流行跑，而应该在保持自己所欣赏的审美观的基础上，适当地加上时尚的元素，从而构造个人的品位！

3. 在自己的衣柜中必须要有几套"镇柜之宝"

女人穿衣服要有三层境界，一是和谐，二是美感，三是个性。

在日常生活中，人们常谈到第一印象，而在这个第一印象之中，其中谈话的注意度是7%，沟通技巧是38%，而53%的注意度是你的外表是否和你的表现相称，也就是你看起来像不像你所表现出来的样子，这与你的穿衣有极大的联系,现衣着是你给人的第一印象中很重要的一方面!

❀ 发丝手脚,修饰好细节很必要

生活中,我们经常会看到一些女人周身堆满名牌,满身挂金戴银,但却发丝凌乱、灰头土脸。相反,也有这样一些女人,她们虽然素面朝天,但修饰得细心、周到,小到一个小小的指甲都不放过,给人干净利落的感觉。对于这两种女人,哪种更有魅力?当然是后者。魅力需要内外兼修,形神兼具。外所谓形,内所谓神,神气之足,外形自具,而外在之修饰臻于完美,也促使内在气质的完善。素养和气质主导着一个女人的魅力。如果人的素养低了,审美能力和品位也就低了,此时,魅力这种神秘的东西便缺了根茎,于是自然是见不到踪影。

的确,每一个追求完美的女性都会注意自己在细节上的修饰:她们拥有一双如同婴儿般细嫩柔软的双手;她们有着一头瀑布似的长发;她们精心挑选着自己的每一双鞋,只为了让自己穿得更舒适……因此,做一个美丽女人,不妨从这些细节入手吧:

1. 呵护你的头发

发型是女人最关键的装饰部分,不同发型会产生不同的效果。长发的可塑性,使你可以根据场合和心情梳理、变换。工作时可以盘,慵懒时可以披下来,童心大发时还可以编成小辫。女人的心情本来就是多变的,一个发型,一种心情,长发可以让你在任何时候都女人味十足!

高中毕业以前,小丽一直有着一头柔顺的长发,上大学后,因为自己无法料理,她狠了狠心,便剪了一头干净、利落的短发。于是,她由一个气质美女一下子成了一个假小子。

通常情况下,她都是一条牛仔裤,一件休闲上衣。就这样,四年过去了。

她依然带着这身打扮进了现在工作的公司。在公司，虽然很多人也挺喜欢她那身帅气的打扮，但是慢慢地她发现了一个她非常不愿意看到的现象，那就是很多男同志都把她当哥们，女同志则把她当帅哥，这当然和她那豪爽如男儿的性格是分不开的。更让她受刺激的是，有一次，她到 KTV 唱歌，居然有女士把她当成男士，对她说："先生，我们一起唱吧！"

回到家，她为此郁闷了很久，心灵第一次被触动了。作为一个女性，谁都希望得到异性的追求，谁又不想小鸟依人般的撒撒娇呢！可这开朗的性格、这男性化的打扮夺去了她作为女性该有的娇柔。于是，她准备改变自己的形象，她开始向别人请教，怎么改变形象才能让自己更有女人味，一些男性朋友建议她把头发留长，他们还委婉地告诉她：凡是男的都喜欢女孩子的头发是长发飘飘的，那样比较有女人味。

这下子小丽才明白，是改变自己形象的时候了：蓄长发。说起来容易，但是短发留长的过程是何等艰难啊，没有造型的半长不短的头发，把爱美之人丑化得心力交瘁。但她告诉自己，必须坚持才能柳暗花明，身边的朋友也安慰她："我们都不会嫌你难看的，我们一起帮你加油，坚持过去这段时间就好了。"

一年多过去了，她那头秀发又回来了。有一天，她去了一家发型会所，让发型设计师为她设计了一个很棒的发型。去上班的时候，同事看到她的那样子都惊讶不已，有的甚至从背后都没认出她来，惹得几个女同事说："原来装扮女人味要从'头'开始啊。"

现代社会，虽然中性风一度流行起来，但无论社会发展到何种程度，人们对美女的遐想，还是会常常跟秀发联系在一起。所以，"女人味"除了温柔的性格、善待他人的心、动听的声音、婀娜的体态，还需要一头如水的长发。

当然，并不是所有的女性都适合长发，总的来说，女人选择发型最重要的倒还不是为了美丽，而是要明白自己现在最需要什么样的形象，最需要表达什么样的特性。

轻扬在风中的发丝,呈现女人的本色魅力。呵护你的秀发,你需要做到如下几点:

在洗头的同时,可用护发素按摩头部,然后用温水清洗,再用毛巾吸干;

日常多吃蔬菜水果,多喝水,还可选用具有保湿功能的美发用品;

定期进入高档美发店专业滋养秀发,使头发拥有优良的发质;

买洗发产品时先看品牌,再看成分,最后才问价格;

可以染发,但少挑染。即便挑染也要选择极不显眼的同色系。

2. 呵护你的第二张名片——手

手是女人的第二名片,如果你是职业女性,你会递上一张劣质的"名片"吗?想让自己的妩媚升级,就要好好呵护你的玉手,如下几点请注意:

保持指甲清洁,别让污垢跑进指甲里;

在办公桌的抽屉里放一支护手霜吧,洗手后随时涂上它;

办一张美甲卡,定期做做指甲,花费不高,又省时省力;

经常搬动一下指关节,让手柔软有弹性;

做粗糙活时戴上手套。

3. 会选鞋、会穿鞋

鞋应该是女人很贴心的东西。有人把婚姻比作鞋子,说舒不舒服只有自己知道。的确,鞋穿在脚上,终日相伴,它应该是最了解女人心事的了。高跟鞋之帝 Manolo Blahnik 说过:"一双优质的鞋子,是时髦装扮的基础。"

正装鞋建议选用 3~4 厘米高度的皮鞋,颜色以中性色为宜,尤其是黑色,黑色宜于和中性色调或更多色调的衣服搭配,包容性较强。当然,黑色并不能搭配所有的服饰,浅色调衣服搭配黑鞋会显得过于沉重。这时,你可选用有黑色部分的衣服来呼应,或是配一些黑色的帽子、围巾、项链之类的饰品。除了特意搭配某些衣服的鞋子需要特别的颜色外,大体上你只需要三种颜色,就可以搞定全年的搭配,即黑色、驼色、红色。黑色是最实用的色彩,为脚下奠定了一片稳稳的江山。最必备鞋款当然是一双春夏的黑色高跟凉鞋。驼色是最基本的色彩，但它同时也是很摩登的颜色。而且，驼色在秋冬和春夏都有不俗的表现，根据不同的搭配也可以塑造出或摩登、或干练、或文静的气质，可以自由穿梭于不同的时空。当然，不要选择鞋跟超过5厘米的鞋子，那会损害身体健康。

❊ 用"微笑"随时来给女人做美容

有一位日本著名的造型家，他写了一本书，书中一个跨页收集了几十位女性的头像，这些女性有年老的、年轻的，有人们认为很美的，也有很丑的，但是你看她们每一个人时，你的心情都是愉悦的、恬静的。不因为别的，就因为她们给了读者灿烂的笑容。

的确，微笑是社交场合的通行证，是表达感情的最好方式。你也许并一定很美，但只要你真诚地微笑那就会令人很舒心。虽然每个女人都有清爽的时候，但却不是个个都会微笑。因此，懂得何时微笑和善于、乐于微笑的女人总是很迷人的。微笑，是任何一个女人不花钱的魅力。我们讲女人的魅力是可以通过加分提升的，其中有些分需要你花很多时间和不少的钱，但是善用表情却是不花一分钱便可争得不少分数的一个项目。

吴薇，安徽电视台经济生活频道当家花旦主持，曾主持过《第一时间》、《财经特快》，目前是安徽电视台经济生活频道主打新闻栏目《帮女郎帮你忙》节目的当家主持人。其主持风格亲切、自然、大方、得体，深受广大观众喜爱。她没有作为环球小姐的冷艳、孤傲和一副令人艳羡的神情，她清秀纯情，落落大方，普通得就像一个邻家女孩。她的微笑后面是无比的镇定和自信，让人感觉到她的美丽是来自于她的自信、她的聪慧和她的踏实平淡。

美丽的笑容，犹如桃花初绽，涟漪乍起，给人以温馨甜美的感觉。笑蕴涵着丰富的含义,传递着动人的情感。微笑会使人感到亲切、安慰和愉悦。女人的妩媚,尽可蕴涵在不言的微笑之中。凡是微笑的女人都是迷人的,女人的微笑也是最动人的。如果一个女人可以在各种场合恰如其分地运用微笑,那就可以传递情感,沟通心灵,甚至于征服对手。

与人初次见面,给对方一个亲切的微笑,在一瞬间就能拉近你与对方的心理距离,消除你和对方的拘束感;与朋友见面打个招呼,点头微笑,会让朋友之间显得和谐、融洽;长辈对晚辈报以微笑,可以使晚辈消除紧张,敬畏就会被信任和亲切所代替;上级给下级一个微笑,会让下级感到上级平易近人;服务人员面带微笑,顾客就有宾至如归之感。可见,笑的作用是多么巨大。

在社交场合,微笑就像一种润滑剂,聪明的女人比男人更善于利用它。有时候,争得面红耳赤或剑拔弩张的双方,往往只需女人的一个微笑、一个眼神或一句息事宁人的话语,彼此就能火气顿消,甚至握手言欢。而男子则往往做不到这一点。据美国社会心理学家南希·亨利的实验表明,在社交场合中,有89%的妇女善于微笑,而男子只占67%,还有26%的男子不会回报女子的微笑。在做广告时,也大多以女性为主,因为她们懂得用迷人的微笑获得人们的心。而男性做广告时,往往给人留下一个"严肃呆板"的印象。

一个女人最动人的谈吐首先是永恒的微笑。难以想象,板着的、怒气十足的、凶悍的脸会是美丽的脸。女人最美的是微笑、微笑、再微笑,男人向来都十分迷恋女人的微笑,尤其是"回眸一笑百媚生"的那种微笑。在生活中,一个友好、真挚、楚楚动人的微笑,会散发出无穷的魅力。

微笑是女人最好的化妆品,微笑的女人最美丽。

微笑的女人像春天的第一缕春风,驱逐严寒,融化冰雪;像剪刀一样剪去你心中的忧伤,带给你万里晴空,让你豁然开朗,为你的生命注入蓬勃生机。

微笑的女人像夏季的一丝凉风，吹散酷暑、燥热烦闷，像一杯清凉的绿茶，沁人心脾，美不胜收，像一股清泉，细细地、缓缓地流淌，让你的心间开出最灿烂的笑颜。

微笑的女人像秋天的累累硕果，在你贫瘠的土地上注满秋色，犹如"高粱胀红了脸，稻子笑弯了腰"般的神韵。在她的微笑中，你感受到了丰收的喜悦。

微笑的女人更像清晨升起的第一抹朝阳，淡淡然然、温馨而甜蜜。她驱走了阴郁和黑暗，让你容光焕发，耀眼夺目。她在天地万物间澎湃着她的激情，奉献着她的灿烂，昭示着清新亮丽的一天！

实际上，微笑是人类与生俱来的本能，可惜人类的这一宝贵的资源常常被虚置、被忽略、被关闭、被凝固。不笑的原因就挂在嘴边：上班族说是因为太多繁杂重复的例行公事，老板们说是因为企业面临的巨大压力……尤其在陌生的环境里，微笑最容易被我们忽略。

西方一位心理学家做过微笑训练的实验，实验者要求受试者每天坚持对人微笑，实验结果令人吃惊。一个月后，有人感激地说："我原本不爱笑，但从实验开始我每天坚持微笑，我在家庭中和工作中得到的快乐，比过去一年中得到的还多。现在，我已经养成微笑的习惯，而且我发现人人也都对我微笑，以前对我冷若冰霜的人，现在也显得热情起来……"

心理学家告诉我们，外部的体验越深刻，内心的感受越丰富。也就是说，有了外部的"笑容"也就有了内心的"欣喜"。每天晚上对镜中的"你"笑上几分钟，然后含笑而眠；早上起来，心中默念"嘴角翘，笑笑笑"，你会发现，因为有了笑容，也就有了好心情。

冰心曾说过："不是每一道江河都能流入大海，但不流动的一定会成为死湖；不是每一粒种子都会成为参天大树，但不生长的种子，一定会成为空壳；活着，是生命的一种形式，而微笑则是生命中最美丽的花朵。

真诚的微笑透出的是宽容，是善意，是温柔，是爱意，更是自信和力量。

微笑是一个了不起的表情,无论是你的客户,还是你的朋友,甚至是陌生人,只要看到你的微笑,都不会拒绝你。微笑给这个生硬的世界带来了妩媚和温柔,也给人的心灵带来了阳光和感动。所以,一个女人脸上真诚的微笑,的确比那些昂贵的脂粉更能透出女人味!

第 9 章

身体力行的催化剂，让幸福更贴近女人的身心

人生几十年，虽然短暂，但作为女人，无论生活还是工作都会给我们带来无穷的压力，但我们却不能为此而停下追求幸福的脚步。幸福就像幸运女神一样，不会自己主动上门，需要我们努力奋斗，勤奋作为，苦苦寻觅，真心地迎接幸福的姗姗到来。也就是说，幸福需要我们身体力行。那么，从现在起，请努力做到：按时吃饭，定量用餐，远离烟酒，适量体育锻炼，充足的睡眠休息以及与家人、爱侣经常沟通情感……只有这样，身心健康才属于你。如果你是个忽视"体验幸福"的女人，那么，你唯一能够做的就是"痛改前非"，努力前行，朝着你的幸福目标迈进！

❋ 正视自己的幸福，呵护已有的所得

随着社会竞争的日益激烈，越来越多的女性找到了自己的职场定位，于是，她们把自己包裹在职业装里，收藏起从前的柔弱，用干练和好强，像男人一样打拼。但她们同时忽略了一点，那就是自己的性别身份，忘记了自己是一个妻子，一个儿媳妇，一个女儿，一个母亲，她们不断透支着这些环绕在周围的幸福，直到有一天，当她们意识到这一点的时候，幸福已经悄然远去了。

生活中，很多女人都要面临家里家外忙碌的生活：繁忙的工作、繁琐的家务，而周末的时间也早已被孩子占去了，哪里还有时间思考幸福？哪里还有幸福可言？但实际上，这正是一种幸福：夜深人静，看到熟睡的孩子，你是不是有种幸福感涌上心头？当你每天早上和老公一起出门，共同为了今天而努力时，你是否感觉到自己正充实地过着每一天？当你来到办公室，被同事们称为"美女"时，你今天的心情是否因此而大好？生活中，我们并不是缺少幸福，而是我们不能正视幸福，而是我们不懂得呵护眼前的幸福，于是只能眼睁睁看着幸福溜走。

黄薇，1987年从北京广播学院播音系毕业后，进入中央电视台担任主持人，曾主持《天地之间》、《社会经纬》、《与你同行》、《夕阳红》等栏目。

她有着幸福的婚姻生活。黄薇在经营自己的家庭生活时，有自己独特的一套：

她宠爱自己的丈夫：她给丈夫打电话，总是那么甜蜜，叮嘱他少抽烟、多喝水、早休息，无微不至，就像他的姐姐、母亲一般宠爱他。在外边再强大的男人，也有心理最脆弱的时候。他有苦、有难，都要自己扛。所以，他需要女性的呵护、关怀和安慰。她认为，丈夫是用来疼爱、宠爱的。

她有一颗浪漫的心:再坚定和厚实的爱都经不起岁月的打磨和消蚀,对此,黄薇经营婚姻的高招就是不断地制造浪漫,并且乐此不疲。她说:"当轰轰烈烈的恋爱退守为平平淡淡的日常生活时,我却在不断地制造浪漫。"不断地制造浪漫,给丈夫欣喜,让生活时刻充满新鲜感,这就是黄薇打造幸福婚姻的最大智慧。

她总是抓住每一个"表现"的机会:孩子、丈夫、父母过生日,两人的结婚纪念日以及每年"五一"、"十一"、春节,大大小小的节日,都成了黄薇发挥的机会。

有一次,她在丈夫过生日的头一天夜里,一个人悄悄地爬起来在客厅里给几十个大气球充上了气,并在每一个气球上写了一句祝福丈夫的话语。第二天一早,当丈夫走进客厅时,被眼前的景象惊呆了:"你是魔术大师吗?"不擅浪漫的丈夫被幸福簇拥着,情不自禁地紧紧拥抱住了她……

生活中,她凡事亲力亲为:从结婚的第一天起,每天早晨,黄薇起床后的第一件事就是温习"爱的功课":把丈夫早晨洗漱用的水杯、牙刷、牙膏、梳子、面霜,一样样按顺序放好;晚上睡觉前也一样,她会把丈夫第二天出门要带的东西如钱包、车钥匙、手机等,一一放在他的床头柜上,早晨他可以拿了就走。天天如此,不论多忙。如果有一天没准备,那就是为了让丈夫知道——今天老婆生气了。自然,丈夫就会老婆长、老婆短地告饶。打理一件事并不难,难的是天天如此。但是,她做到了,她为此感到自豪和欣慰。

黄薇就是用她绵绵细细的爱滋润着丈夫,滋润着这个家。她说:"爱情是必须努力经营的。也许,爱情就是这样的,它比花前月下的绵绵情话更动人,所有的付出,都是为了给爱情加分。"

婚姻可以说是绝大多数女人一辈子的事业,家庭则是女人的精神港湾,也是幸福的中心所。任何一个女人都必须正视自己的幸福,而懂得经营才能赢得一生的幸福。其实,呵护已有的幸福,说白了就是去爱身边的人。

那么,作为一个女人,我们该怎样爱周围的人呢?

1. 孝敬长辈

一个女人最重要的品质应该是善良,而且百善孝为先。天下不知道有多少苦命的男人,在忍受着自己的老婆和自己母亲之间的夹板气!其实,处理好和长辈的关系并不是一个"孝"字那么简单,里面还有很多技巧的问题。

2. 贤惠

这是千古不变的女性美德。说得具体一点,就是要能做饭、洗衣、照顾家人,因为即使家里有钱请保姆,也需要有一个女主人来张罗打点一切。

3. 知书达理

这是新时代对女人与时俱进的要求。一个女人的气质和教养是其丰富内心的流露。

4. 把家变个模样

不管当初设计你的家的时候你费了多少心思,可每天打开门时,你看到的都会是同一幅景象,时间久了也会产生审美疲劳。不如抽个周末,和老公或者朋友,把屋里的家具稍微调整一下,你会发现这个熟悉的家突然焕然一新,你的心情也跟着焕然一新了。

5. 享受爱情和家庭

和睦的家庭是女人快乐的源泉,要经常和老公分享工作和生活中的点点滴滴,彼此关爱呵护,尽力去营造爱的氛围,而有爱的女人才是快乐的。

6. 珍惜朋友

很多女人在有了爱情之后,尤其是在成家之后,就忽视了和朋友的交往,有一天忽然想找个朋友说说话,拿起电话却不知道该拨给谁,这是悲哀的。无论什么时候,女人都要保持和一两个闺中密友的亲密关系,偶尔一起去逛街,去喝咖啡,去爬山,重温旧时的快乐和美好。

以上六条标准,如果我们都能做到,那么,做一个幸福的女人就不难,因为幸福不需要任何庸俗的东西来作载体,只要你是个有心人。幸福的女人也许钱不多,少有闲暇、闲情,但她会用心智来创造愉悦和激情!

❋ 制订幸福目标，从此刻身体力行

关于目标，心理学已经证明了目标和成功之间的关系，那就是要成功就必须明确自己的目标。这一点也已经被许多成功人士的亲身的经历所反复证明。一个目标，一个明确的承诺，可以集中我们的注意力，帮助我们找到达到目标的路线。目标可以简单到买电脑，或复杂到攀登珠穆朗玛峰。心理学家告诉我们，信念是会自我实现的预言。当我们背上行囊准备出发时，我们就已经相信自己可以到达目的地了。

同样，任何一个女人，如果你想做个幸福的人，也必须要有一个明确的可以带来快乐和意义的目标，然后努力地去追求。然而，人的精力毕竟是有限的，现实生活中，一些职业女性要面对工作和家庭的双重压力，她们觉得平衡家庭和工作之间的关系简直比走钢丝还难，摇摇晃晃，甚至走得胆战心惊，还免不了"失足"的结局。她们可能会发出这样的感叹：如果要设定幸福目标，那就应该是，远离繁琐的生活、拥有充足的物质财富、获得令人羡慕的社会地位。但这样真的是幸福吗？关于这点，我们也会质疑："金钱是否对我们有意义，而声望是否可以带给我们快乐呢？"其实，对物质的追求和需要被关注的心态，都是人类的本能反应对于一些人来说甚至是最重要的。既然这样，在我们追求幸福的过程中，只注重财富和名声是不是就够了呢？

当然，我们并不是不食人间烟火的仙女，要我们完全不追求物质和生活是违背现实的。物质上的东西不是不重要，有足够的钱来满足食物、住所、教育和其他基本需要当然重要。但是，在基本需要之外，如果是以追求幸福为前提的话，财富和声望则不应该是追求的核心。

虽然财富常被认为是外加目标，但在一些情况下，它也可以是自发性的目标，但前提是它必须对我们的幸福有所贡献。有些人赚大钱并不是真的要用到自己挣的每一分钱,有时是因为钱是他们努力的奖赏,也可能是因为它证明了自己的实力。在这些情况下,财富代表了一个人成长的成果,而不再只是金钱的数量。

而事实上,在生活中多数普通的女性,不得不为生活奔波,她们上有老下有小,那她们该如何在这种"世俗"的追求中寻找幸福呢?

那些不得不做的事情,通常不是缺乏意义,就是没有乐趣,甚至意义和乐趣两者皆无。而内心想做的事情,通常可以使人感到有意义和幸福。因此,一个增强我们幸福感的方法,就是增加想要做的事,并减少不得不做的事。无论是从人生或是日常生活的角度,都应该如此。比如,从事医务工作,是因为觉得医学有意义,还是因为医生有很好的社会地位?追求炒股的成功,是因为它带给你成就感,还是因为它可以赚大钱?那么,作为女人,我们不妨反思一下:想象一下平常的一天,你是不得不做的事情多,还是自己想要做的事情多?整体来说,你会不会对新的一天或者将要到来的一周满怀期望去面对呢?

小风是IT界的精英,在她的周围工作的同事多半都是男性,他们在闲暇的时间,要么是玩游戏,要么是上网,但小风不一样,她有很多爱好和兴趣。从小喜欢运动的她把高尔夫球和网球变成了业余时间活动的两大内容,也因此她交到了更多朋友。她说:"女人要有情趣,要有爱好,这样你才不容易偏激和单调,才可以更好地调节工作情绪。"

生活总是平淡而真实的,工作总是紧张而枯燥的,小风却始终保持着对生活的新鲜感,她说:"我总是在想办法给自己减压,没有人逼着你非要做到哪一步,是你自己在逼迫自己。换一种方式跟别人讲话,换一个角度处理问题,一切就会改变。如果你什么都喜欢,都乐于参与,你就会活得有滋有味。"

人不是机器,不可以连轴转,有句话说得好:"只有会休息的人才会工作。"上面故事中的小风就是一个懂得忙里偷闲的女人。其实,正如她所说,

"没有人逼着你非要做到哪一步,是你自己在逼迫自己。"所以,任何一个女人,都要学会放平心态,要注意调整工作节奏,这是一种优雅、愉悦的工作境界。时间是我们的一切,它使我们在地球上享有一片空间,我们不必为了过完它而去填补它;时间不是金钱,是不能储蓄的,时间也是无法重来的,因此要学会去享受它,这样才能拥有美好的生活。

追求自我和谐的人,通常不但能更成功,而且可以比别人更幸福。自问一下,哪些是自己在生活的各个方面真正想做的事,并写出来,诸如与其他人搞好关系或工作等。然后,在每个方面的下方注明以下内容。

1. 长期目标

长期目标也就是地基型的目标,从1年到30年的都可以。长期目标应该是一些有挑战性的目标,让你发挥潜能的那种目标。长期目标是为了让我们能够享受旅途上的快乐,激发我们自身的潜力,实现与否倒在其次。

20世纪70年代出生的女作家赵波这样说过:"女人味就是透明、自然、不做作,从内而外散发着可以激发你想象的东西。我特别恐惧把一个个的个体变成统一整体中的一分子,没有个性,大家都一样地生活,因此选择了写作。我在家工作,自己安排时间,很多时候我比上班的人工作得要辛苦,时间要长,但因为完全是我自己控制,所以很享受。"这大概就是她曾经的目标。当然,她实现了。

2. 短期目标

短期目标是为了分段消化长期目标。对于自己的长期目标,你要清楚在未来的一段时期,自己要怎么做。

3. 行动计划

在未来的日子里,你需要做些什么来实现目标呢?给自己拟定一个行动计划,无论是每日的还是每周的(这些就是你即将要养成的习惯)或是一次性的都行。

不为自己设定明确的目标,我们很容易就会被外界所影响,转而追求那些很难达到自我和谐状态的目标。我们总是面临两个选择,即选择被动地受外来因素所影响,或是选择主动地去创造属于我们自己的生活。或许有一天,你和平常一样从窗口望出去,正好看见被风飘动的蒲公英飘到你的面前,你将会有不同的感触。优雅、惬意的生活就掌握在你的手中,往日已逝,未来不可测,选择优雅的生活,你就是优雅的、幸福的。

❋ 给自己一个静谧空间,全身心冥想体味幸福滋味

女性主义作家伍尔芙说,女人要有一间"自己的屋子",意思是女人应该有自己的空间。如果没有自己的空间,女人的生活会变成什么样呢?

上大学时,红是个浪漫的诗人,在男友面前总是小鸟依人,撒娇撒痴,让男友爱得如火如荼。毕业后,她去深圳闯荡了几年,由于丈夫的经济条件不错,婚后不久,她就选择了现在非常时髦的一个角色——全职太太,刚做全职太太的时候,红很幸福,天天逛时装店,定期去美容,日日围着电视连续剧、柴米油盐酱醋茶转悠。转悠了才两年,她自己心里就变得很慌张,她说,她与丈夫的话题越来越少,自己已没有什么新鲜的东西对他说,只好天天眼睛充满好奇地听丈夫说一些外面的事情;她发现自己对丈夫的爱恋还是小鸟依人、撒娇撒痴地缠人,和丈夫聊天成了她一天中最重要的内容;她还经常患得患失,一天不挂3个电话给丈夫,她心里就空落落的。结果,有一天,她的丈夫挽着另一个女人的手对她说:"我爱上了别人,咱们离婚吧。"

红真是欲哭无泪。她对朋友说:"女人,真的不能没有自己的空间呀。""其实,这也真的怪不得那个男人,都结了婚了,你还像恋爱时那样小鸟依人、撒娇撒痴,是长不大的,更不用说风雨共同承担。记得你刚做全职太太时,我们都劝你不要放弃自己的追求,希望你能积极上进,成为一名真正的

诗人。当时你听不进去……"朋友劝导她。

因为没有自己的空间,太过依赖丈夫,红失去了原本幸福的婚姻。爱情是好东西,但不能一起成长的爱情,就算是在你眼中曾经是再美丽的童话爱情也会在眨眼间灰飞烟灭。男人喜欢说女人要有"女人的味道",而这个"女人的味道"中少不了的应该有一点:在婚姻中与男人风雨同舟,一同成长。

女人拥有自己的空间,是与男人共同成长的前提。因为营造自己独立空间的积极意义在于:这是女人的一种最佳魅力储备,也是一种让爱情绚丽的储备。理想的爱情,不该彻底放弃自我,而是要拥有各自的空间,在亲密中共享一起成长的乐趣,这样的风雨同舟才更容易让一段感情新鲜和持久。

"女人就是要以家庭为中心,只有把家庭经营好了,才有资格干别的。女人要什么自己呀?!"

"女人要什么个人空间呀,管好家就是女人的责任!"

……

可能在生活中很多女人都有这样的想法,甚至一点不夸张地说,相当一部分女人为了家庭而抛弃了自己——不给自己一点美丽的时间,不给自己一点休闲的时间,不给自己一点个人的空间。每天想着全家人的吃饭、穿衣……点点滴滴,唯独忘了自己!生活给了女人太多的责任、太多的负担以及太多的约束。很多女人常常习惯性地把自己的心囚禁在一个狭小的天地里,于是琐碎、烦恼、苦闷、忧郁随之而来,变成一个愁容满面的女人,而这样的女人在任何时候都不会美丽动人的。

那么,女人该如何给自己找一个静谧的空间呢?

1. 找时间玩玩,放松一下自己

你不仅应该休息,还需要休息,因为只有会休息的人才会工作。

2. 把家务活分配给家人

即使是年龄小点儿的孩子也能做点什么,不要任何事情都亲力亲为,这会让你因为疲劳而精神不佳。

3. 偶尔奖励一下自己

在一些特殊的日子,女人似乎更在乎收没收到礼物,并以此来决定自己的心情。不要对任何人存有什么幻想和奢望,在你没有收到礼物的时候,为什么不自己奖励一下自己呢?去买一件心仪已久的衣服或鞋子,或者是去做一次美容或按摩,亦或给自己买一把喜欢的花,作为送给自己的礼物,你的心情一定会随之变得雀跃。

4. 分配时间

日子是平淡的,生活在很长一段时间里是毫无波澜和生气的,如果你觉得有点厌倦,不妨按照自己喜欢的方式分配一周的时间,譬如打球日、逛街日、学习日、睡觉日,这样你就会过一周充实而快乐的生活。

5. 花点时间爱自己

女人要懂得宠爱自己,每星期定好养颜滋补的时间表,吃燕窝、补品、维生素,做面膜……让自己随时都保持在最佳状态,眼看着自己一天比一天迷人,怎能不叫你心花怒放。

总之,女人只有拥有了自己的空间,才能拥有自己独特的魅力,也才能让爱情永远绚丽。人不可能永远年轻,但才华、素养可以与日俱增。不论何时,女人都不该彻底放弃自我,而是要拥有自己的空间,这样才能使自己永葆活力,爱情也才会新鲜和持久!

❋ 用日记记录幸福点滴,失意时可以品味感怀

任何一个女人的心都是细腻而敏感的,所以,作为女人的你可以把每天的快乐心情,使你快乐的人物、事件都记下来,久而久之,你就会拥有一大笔财富,那就是生活中的各种美好。心血来潮的时候拿出来翻翻,你会发现那些人和事也许都淡忘了,但是那份快乐却一直在你的心里延续了下来。

以一本《生死遗言》由歌手变成畅销书作家，以文字记录着自己爱恋另一半的心路历程的伊能静说："写作是一辈子的，我不反击，而且更坚定我要写下去。"阅读，开启了伊能静的世界，至于"写作"对她而言，像是一个"出口"。

生活中的女人们，也许你感叹自己粗枝大叶，感叹自己没有文学才华，但你同样可以在闲暇时玩玩文字，写写自己的心情故事，用日记记录下幸福的点滴，自我安慰，自我欣赏，自我陶醉。下面是一个已婚女性的几篇日记：

"今天心情不是很好，业主客户都不小心成了别人的，有点小小郁闷。不好玩，谁没失误的时候是吧。给妈妈打了电话，听妈妈说英表妹添了个大胖小子，哎，我这当姐的够不着啊，远呢，联系方式也没了。不合格，在心里祝福吧，总之是高兴的。"

"今天儿子不听话，怎么哄都不吃饭，我一气之下竟然打了他，真是不该，乖宝宝，妈妈向你道歉……"

"听说附近中方圆小区出现了与猪流感密切接触的人了。不知道采取什么措施没，怕怕的。天哪！这世界是怎么了呢，不是这病就是那灾的！最近不看恐怖片都够恐怖的！咳咳，完了，想咳嗽了……"

"今天老板出差了，可以上网来感慨下了。我刚过完26岁生日，25岁生日时，我知道自己已经不再有青葱岁月，不能再随意糟蹋自己的身体了，于是暗暗发誓，要养成三个好习惯来保养自己：1. 不再熬夜，早睡早起，12点必须上床；2. 每天喝普洱茶排油减肥，我知道我没法靠运动和节食减肥，也不想乱吃药，最后就只能靠普洱茶了；3. 不吃辣，只要我吃辣基本上第二天就会有痘痘冒出来。第一点，一年来，12点上床我基本做到了，我发现秘诀就是少上网，因为晚上上网很容易上了网就下不来，拖拖拉拉，只要是吃完饭就开始在电脑前坐着的晚上，基本上都是一两点才睡觉。现在，我吃完饭后都不开电脑了，有时候十点多才开开扫一两眼，没什么网瘾了，就不会下不来网。第二点，喝茶减肥有效果，瘦了五六斤，主要是我本身也不胖，瘦五斤我挺满意的,人也更有自信了。第三点,基本上也做到了,现在家里完全不做辣的菜,出去吃时偶尔会吃一点,解解馋,但是吃辣后长痘基本上没有困扰到我了。

"现在超有成就感,今年还要再养成三个好习惯;1.每天按摩面部,防止法令纹和其他纹的产生;2.学习化妆,我平时只是打个粉底,上个大地色眼影,每天都千篇一律,感觉再不学化妆就会错过原本应该多姿多彩的自己;3.还没想好,可能是要坚持锻炼,运动?可是我怕自己做不到。"

从这里,我们看到,日记的主人公虽然每天记录的都是些生活中的点滴琐事,但细细品味却可以发现,正是这种浓厚的生活气息,让我们有种莫名的幸福感。

的确,在生活中,我们总是感叹"幸福在何处?"然而,只要你留心,就会发现在平淡的生活里,也处处充满着甜蜜和温馨,你仍然能感受得到快乐。比如,在你累的时候,细心体贴的丈夫为你送上一杯热茶的时候;下了班推开家门,活泼可爱的孩子喊着"妈妈"扑到你的怀抱的时候;当你的努力和付出得到老板真诚认可的时候;当你遇到困难得到陌生人热心帮助的时候……快乐源于生活,聪明的女人要善于从生活中寻找快乐。

然而,也有很多女人感叹:"我能感受到这些点滴的幸福瞬间,可似乎总是稍纵即逝,这些幸福似乎也总是被我们所承担的社会角色所掩盖,每天除了要承担繁重的工作,就是家里的大小事,这些就够我们忙活的了。一个女人要扮演多重角色,妻子、母亲、女儿,家里的一日三餐要张罗,丈夫的西装领带要操心,孩子的作业要检查,每天就像一个陀螺一样忙得团团转,可是临到睡觉的时候还是觉得有一大堆事没有做完。"那么,你是否想过,用一种特殊的方式记录下那些点滴的幸福呢?这种方式就是写日记。

当然,写日记贵在坚持,哪怕一天就一句话,因为写日记并不是展示我们的文学才华,而是一种爱生活、珍惜幸福的方式!

❋ 付出劳动,让家人与你共同分享幸福成果

世界之大,每个女人都是宇宙苍茫里一粒细小的尘埃,到底什么样的女人最美,众说纷纭。有人说:"少女最美。因为她纯真、青春、靓丽,脸上总是挂满无忧无虑的笑容。"也有人说:"新娘最美。因为此时此刻,她是全世界最幸福的女人,伴随着众人的祝福,身边是交付一生的丈夫。她身着婚纱、笑语盈盈,这一天即使是最平凡、普通的女孩子也会变得光彩夺目,美艳绝伦,光彩四射。"这两种说法,我们都不能否认,但不管哪一个女人,如果她不爱家,那么她的美丽在瞬间就失去了光泽。

漫漫的历史长河将我们带到了现代,女人开始寻找自己的社会价值,但我们并不能否定,女人的家庭本位观念仍然影响着现代甚至未来的女性,女人身上有抹不去的母性和爱。家庭教会了女人很多,是让女人成长的学校。因此,忙碌的女人们,不要忘了家的力量,偶尔停一停你忙碌的脚步,关心一下你的家人,与他们共享天伦之乐。

刘艳玲是下属们眼里的"女强人",但幸运的是,她在三十岁之前还是把自己嫁出去了。很快,她有了自己的孩子,但她不可能为了照顾孩子放弃事业。于是,在丈夫的同意下,儿子出生没多久,就被送回南方老家托爷爷奶奶照料。一转眼,五年过去了,除了长假,她和丈夫回老家看过孩子和老人外,她和孩子几乎没有在一起生活过。

眼看到了孩子该上小学的年龄,她希望能把孩子接回北京,但在和孩子商量这件事的时候,孩子的回答让她很吃惊:"我要和爷爷奶奶一起!我不走!"好不容易,连哄带骗地把孩子接到了北京,可是令刘艳玲尴尬的是,孩子跟自己和丈夫怎么也亲近不起来,而且变得沉默寡言,只有在电话里和爷爷奶奶说话的时候,才能显现出孩子活泼的天性,刘艳玲为此大伤脑筋。

可能很多事业型女性都遇到了这种状况，为工作为生计忙得团团转，哪顾得上孩子？的确，对于30多岁正处于事业发展关键期的父母来说，尽可能待在孩子身边，陪伴他们成长，多多少少变成了一件奢侈的事。但有专家称，幼年时没有父母照顾，还可能对孩子的心理健康造成不利的影响。可能所有的孩子都需要这样的妈妈：

她为丈夫、孩子做好早餐，催促着孩子洗漱吃早餐，自己再急忙吃上几口，背着包拿着外套匆匆地送孩子上学，再去上班。努力把工作在规定时间内完成，下班掐着时间接孩子放学，任宝贝挽着她的胳膊说些学校里的趣事，没有不耐烦的神色，只是仔细地听着，偶尔插几句顺便问孩子晚上想吃什么。这样的女人，不浓妆艳抹，目光充满了柔和与宠爱。

当然，孩子被忽视只是现代女性家庭意识缺乏的一个表现。有些女人甚至只是把家当成一个休息、抱怨工作压力大的场所，她们忽视了，孩子需要妈妈、丈夫需要妻子、父母需要孩子。

那么，作为一个女人，我们该怎样做到与家人共享幸福呢？

1. 尽量亲自教育你的孩子

孩子的培养与教育不容忽视，身为母亲的你，请别只顾忙着工作与赚钱，请多挤出一点时间陪陪孩子，这不只是为了享受天伦之乐，更重要的是让孩子在你温柔的母爱中健康成长，因为母爱无可替代。

著名歌星李玲玉，1995年去日本发展，想不到在那里，幸运之神竟给她带来了一段异域姻缘。后来她怀孕了，离预产期还有半个月时，她就整天睡不着觉、躺也躺不下，站起来不到10分钟腿就肿了。后来，她采取了剖宫产，儿子出生时快9斤了。由于当时考虑工作较多，没给宝宝喂母乳。谈起这些，李玲玉有些遗憾，觉得当时考虑自己太多了。

但李玲玉从未给儿子请过保姆，她珍惜这个小宝贝，因此孩子通常是上海的姥姥、姥爷带，或者是她自己带。李玲玉总是在北京、上海两地跑，有时一连几天见不到孩子一面，但她一回到上海的家，孩子就扑到她怀里，又啃、又抱、又搂、又亲。尽管蹭得她一脸鼻涕，她总是任宝宝疯个够，只要她在，宝宝吃饭、睡觉等事无巨细，她都亲力而为。她说，作为妈妈最好自己带孩子，因为没有什么比孩子健康地成长更重要了。

2. 老人也需要爱

爱让这个世界不停旋转。父母的付出远远比山高、比海深，曾经不懂事的你，可能只知饭来张口，衣来伸手。而对于公婆，可能你认为尽孝只是丈夫的责任。我们又何曾记得他们的生日，体会他们的劳累，又是否察觉到那缕缕银丝，那一丝丝皱纹。你是否意识到，如果你能在父母劳累后递上一杯暖茶，在他们生日时递上一张卡片，在他们失落时奉上一番问候与安慰，他们也会幸福得多？

因此，女人们，带着感恩的心对待父母吧，百善孝为先，做一个孝顺的女人，这样的家庭才会和睦、快乐。

3. 保留一颗情人的心

通常来说，男人在有自己家庭的情况下，依然会找情人，是因为情人身上有某些妻子已经逐渐失去的特质，而他们也不会以牺牲家庭为代价和情人发生什么。而一个妻子如果能同时具备情人与妻子的特质，也就是做老婆的时候不忘保留一颗情人的心，那就会对老公产生长久的吸引力。

为此，你不妨偶尔精心打扮一下自己、经常更新自己的服饰与妆容，让丈夫随时都有"审美新鲜感"，也不妨偶尔雇人照顾孩子，夫妻俩一起每个月至少出去一次，哪怕仅仅是去郊外兜兜风。总之，一定要有和丈夫独处的时间和空间。

4. 没有特殊情况，周末尽量不工作

你不能把所有的时间都给了工作，也要给家人留一些。平常不做饭的女人，周末最好能回归厨房，给丈夫和孩子做一顿好吃的，让他们感觉到你的爱。

5. 要学会忙里偷闲,不要一工作就忘记了丈夫和孩子

比如,你在公司的时候,丈夫不舒服了,你一定要记得打电话问候,否则你就显得有点"无情"或"冷血"了,这可不是男人喜欢的风格。

谁说现代女性不能平衡好家庭与事业?如果你能在紧张的工作之余调整一下自己的生活,为家庭倾注点心血,那么,平凡的生活也将有滋有味!

❄ 亲近自然,户外活动让你神采奕奕

身兼数职的现代女性的生活压力有多大? 一项来自北京的调查数据显示,约10000名25~45岁的城市职业已婚已育女性中,有80.75%的女性认为压力很大。这些无形的压力主要源自三个方面:工作、经济、健康。绝大多数25~45岁的城市职业已婚已育女性心智成熟,行事果敢,是家庭里的主心骨、单位里的顶梁柱,于是,越来越多的女性渴望能自我减压和放松。而"回归自然"、"亲近自然"以其独特的魅力吸引着繁华都市里的女人,越来越多的女人乐于怡情于山水之间,呼吸清新的空气,一边爬山,一边欣赏自然风光,健身娱乐一举两得。

就连我们在电视荧屏上看到的女艺人们,也最喜爱游山玩水:

陈好的塞班岛之旅:"我很喜欢旅游,只要有充裕的时间就会去旅游,我最想做的事就是游遍世界各地,体验不同的人生。"陈好认为旅游是最好的休闲方式,不仅可以放松自己,还会在新的环境中体验新感受。她不喜欢在旅途中带很多东西,她觉得旅游就要轻松,不要让沉重压倒看风景的心情。陈好最喜欢的地方是漓江,最想去的国家是埃及。她很向往一次自驾游,"想去哪里就去哪里,行走路线也由自己来定,遇见好的地方想多留些时间就多留些时间,晚上如果愿意,可以睡在车上,完全自由的感觉"。

张静初自驾旅行:张静初喜欢旅行,到一个陌生的地方、一个生动而新

鲜的地方,彻底地放松、彻底地做回自己。"旅行有时候是最好的平衡剂,平衡你的欲望、平衡你的心态,找回你对幸福的感知能力。"她最喜欢的旅行方式是和朋友一起自驾车旅行,最快乐的旅行经历是有一次去叙利亚,回来买了足足一箱子当地的银饰、烛台、金粉画等。她30岁之前最想去的地方有印度、埃及、南非、北极。

范玮琪的旅游情结:范玮琪喜欢旅游,她认为旅游在一个人的一生中是非常重要的,除了一般所谓简单的放松、充电,还能在不同的地方发现不同的世界和思想,让自己的创作触角更长久更广泛。范玮琪出生在美国俄亥俄州,去过德国、法国、马来西亚、阿富汗等很多国家。她非常喜欢瀑布,她说尼亚加拉瀑布气势磅礴,但她更渴望去看非洲的维多利亚瀑布。她还是一个虔诚的基督徒,最想去北极、耶路撒冷。国内她推荐去的地方是杭州、西安。

钟丽缇体验马术之旅:"旅行对我就像是充电,不去做就会没有力量。"19岁的时候,钟丽缇就做了人生第一次单身旅行。她独自背上行囊去了古巴,到那里的海滩享受阳光。也许勇敢是她的天性,钟丽缇表示"我一点都不怕,不管哪里都要去"。除了拍片,她自己去过印度、泰国、非洲、美国、意大利、法国、马尔代夫、菲律宾、日本等许多地方,她非常喜欢海滩、阳光、滑雪,喜欢一个人背包、自驾车去旅行,希望去西藏、埃及等地。

演艺圈明星由于平时工作繁忙压力大,所以在闲暇之余十分需要自我放松、调整情绪。他们会依据个人爱好,选择各种不同的方式来给自己减压。作为普通女性的我们,同样也可以选择各种亲近自然的方式,一般来说,适合女性的户外活动项目有如下几个:

1. 登山

登山运动既锻炼身体,又能让登山者欣赏到大自然的美景。不少忠实的登山爱好者,每周至少有一天,会约上几位登山的朋友,一起到山里去,寻找一份静谧悠远。每次爬山,都会让人酣畅淋漓,也许周遭的风景不曾细细品味,但是征服大山的那种感觉,让人久久难以忘怀。

2. 野营

在野外露营、野炊。学习各种野外生活技能。在自然的环境下,人与人之间的关系变得紧密、融洽。露营是种休闲活动,通常露营者携带帐篷,离开城市在野外扎营,度过一个或者多个夜晚。露营通常会和其他活动联系起来,如徒步、钓鱼或者游泳等。

3. 钓鱼

钓鱼是捕捉鱼类的一种方法。钓鱼的主要工具有钓竿、鱼饵。

钓竿一般由竹子或塑料等轻而有力的杆状物质制成,钓竿和鱼饵用丝线连接。一般的鱼饵可以是蚯蚓、米饭、菜叶、苍蝇、蛆等,现在市场上有专门制作好的鱼饵出售。鱼饵可以直接挂在丝线上,但有鱼钩会更好,而且对于不同的鱼有特殊的专制鱼钩。若另外再加一个漂,则更有帮助。钓鱼时,可在周围水面撒一些豆糠,这样可以引来更多的鱼。

4. 徒步

徒步也被称作远足、行山或健行,它并不是通常意义上的散步,也不是体育竞赛中的竞走项目,而是指有目的地在城市的郊区行走。

5. 小轮车

小轮车(BMX)起源于20世纪60年代美国的加利福尼亚洲,年轻人从摩托车越野赛中得到启发,在自建的场地上比赛自行车,很快有了第一批拥趸。1978年,小轮车传入欧洲;1982年,第一届小轮车世界锦标赛举行;1993年,国际自行车运动联盟接纳小轮车成为新成员;2003年,国际奥委会通过决议,将小轮车列为北京奥运会正式比赛项目。年轻人的惊险游戏,就这样登上了运动世界的最高殿堂。

6. 定期旅游

聪慧的女子懂得适可而止,再忙,也要在美好的时节享受自由的幸福。放下一切,不管国内国外,找个最喜欢的地方去旅行,没有计划,没有进度表,只有和阳光、绿意、湛蓝的海水一样丰沛的时间。结伴,或就一个人,像阳光一样徜徉。

通过这些户外活动,不仅能使缺少身体锻炼的我们提高身体素质,还能洗净我们身上沾满的城市的尘嚣,让人感觉心旷神怡!

❀ 美女要运动起来,感受出汗的幸福

我们都知道,生命在于运动,美国运动医学院的研究表明,正确的运动可帮你持久地保持健康活力和苗条体态的程度高达70%。更健康的心脏和更低的患癌风险,是运动带来的最为显著的两大益处。而对于女性而言,魔鬼身材是每个女性的美丽梦想,但我们必须认识到自己在体形上是很难生就完美的。所以,我们始终不该放弃对完美体形的追求。良好的姿态能在一定程度上美化体形,健康的饮食是完美体形的保鲜剂,而规律的运动则成为实现你美丽梦想的最佳途径。一项新的研究显示,随着女性年龄的增长,在正常饮食的情况下,她们每天需要进行60分钟中等强度的运动,才能避免体重增加。

运动对女性的好处是显而易见的。为此,我们可以选择适合自己的运动方式:

1. 缓解身体自然疼痛

如果你感到膝盖、肩膀、背部或脖子疼痛、僵硬时,休息并不是最好的方法。美国斯坦福高级研究所的科学家表示,长期坚持有氧运动的成年人同那些总是喜欢躺坐在沙发上的人相比,其肌骨骼不适的概率低25%。运动可以释放出内啡肽,它是身体疼痛的舒缓剂,还可让肌腱不易被拉伤,从而缓解身体上的一些慢性症状,如关节炎。美国北卡罗来纳州大学的研究证明:关节炎患者在经过6个月低强度的锻炼之后,疼痛感降低了25%,僵硬

感降低了 16%。

你可以这样做：每周练习两次瑜伽或太极，这不仅可以增加身体的柔韧性，并且能够减少疼痛感。

2. 削减感冒概率 33%

适当的运动不仅仅能够加快你的新陈代谢，它还可以提升你的身体免疫力，帮助你的身体对抗感冒病毒和其他细菌的入侵。美国华盛顿大学的研究发现，每周进行 5 次时长 45 分钟心肺锻炼课程的女性，发生感冒的次数是那些每周进行一次拉伸锻炼的女性的 1/3。

你可以这样做：保持运动，但不要做过度。如果经常剧烈运动，例如跑步超过 90 分钟，反而会降低身体免疫力。

3. 更健康的口腔

美国凯斯西储大学的医学教授认为，牙线和牙刷其实并不是靓丽笑容的唯一法宝，锻炼扮演了重要的角色。他们最新的研究发现，成年人每周进行 5 次 30 分钟适度运动，患上牙周炎的概率会降低 42%。牙周炎这种牙龈疾病，会随着年龄的增长而发生得更为频繁。运动也能像阻止牙周炎一样抑制心脏病的发生——因为它能够降低血液中导致炎症发生的 C 反应蛋白的含量水平。

你可以这样做：除了保持适当的运动之外，最好每年进行两次牙齿清洗，如果牙科医生告诉你患上牙龈疾病的概率很高的话，那么还要增加洗牙的次数。

4. 提升语言能力

仅在跑步机上跑步锻炼，就可以让你更加聪明。德国门斯特大学的研究表明，要进行两次 3 分钟快跑（中间可有两分钟间隔），学习新单词的速度会比没有进行这一锻炼的人快 20%。因为心脏快速跳动可增大血流量，从而给你的大脑输送更多的氧气，同时还能激发大脑中控制事务处理、制订计划和记忆区域的更新。

你可以这样做：用跑步上下楼代替跑步机。

5. 更快乐地工作

英国布里斯托尔大学的研究表明，积极的生活方式可以帮助你更好地完成每天的工作计划。他们发现，公司职员在进行完一套健身活动后，他们的思维变得更为清晰、工作完成得更快，而且与同事之间的合作也更加顺畅且富有成效。同时，可以避免生病耽误工作。

你可以这样做：参加健身课程，如果没有足够的时间，可参加午间的瑜伽课程。

6. 视力更清晰

对心脏有帮助的事物就会对视力有帮助。英国的眼科研究发现，积极运动的生活方式会令你随着年龄增长所带来的视力衰退的概率减少70%。

你可以这样做：如果条件允许的话，每天步行6公里。

7. 获得"即时"能量

据统计，有50%的人一周中至少有一天会感到疲惫。美国佐治亚州大学的研究者通过对70项不同研究分析得出：让身体动起来可以增加身体能量、减少疲累感。

你可以这样做：每天散步20分钟，或者进行40分钟的某项特定的运动。

8. 帮助深度睡眠

美国的《睡眠医学》杂志报道，每周4次、每次至少用1小时来散步和做其他有氧运动的女性，其睡眠质量比那些不爱运动的女性高50%。因为随着年龄的增长、压力的增大以及环境的变化，人的睡眠形式会发生改变，夜间你会越来越多地受到睡眠太"浅"的困扰，从而无法真正深入睡眠，让身体得到充分修整。

你可以这样做：每天不管多晚都要至少锻炼半个小时。研究表明，对大多数人来说，夜晚少量中度的运动并不会扰乱睡眠。

9. 任何尺寸都觉得性感

适当有效的锻炼基本上可以保证拥有更好的体态。美国宾夕法尼亚州大学的研究发现,随机选择一些女性,在经过 4 个月的步行运动或瑜伽练习后,即使体重并没有发生任何变化,她们却感到自己比以前更加性感、更有吸引力了。锻炼可以增加生殖系统的血流量,让人置身于爱的情绪中。华盛顿大学的研究发现,只是一次 20 分钟的骑单车运动,就可以将女性的性吸引力指数提高 169%。而且,这一益处可以经受得住时间的考验:哈佛大学对游泳者进行的研究发现,那些平均年龄超过 60 岁的游泳爱好者,仍然能够像年轻时一样获得性满足。

你可以这样做:每晚在享受浪漫时分前,不妨先进行 20 分钟有氧运动。每天步行或练习瑜伽,会令你在任何时候都感觉良好。

总之,运动对于女人最大的好处,就是让女人的身心更加健康。如果你发现某些运动非常适合你,那么这会使运动更加有趣,如果你对某项运动非常期待,那么你也有可能会喜欢上这项运动。当然,运动贵在坚持,一项运动至少应该坚持三周。一个能持之以恒花时间运动的女人,一定会得到报偿!

第 10 章

呵护情感关系，心灵互通保养女人幸福常态

在竞争激烈、节奏加快的现代社会里，很多女性都忙于追求名利、追求物质，却忽略了自己的内心。而当自己一个人独处时，可曾想过是否错过了生命中更重要的东西？那就是情感！是亲情、友情、爱情！当你看到地震后废墟中那些失去亲人悲痛欲绝的面容，当你感受到朋友在你失败之后给予的一个拥抱的温度，当你看到丈夫在睡前为你端上的一杯热牛奶，你是否细心地感受过？的确，亲情好比是一杯绿茶，甘醇得令人回味无穷！朋友就是一杯美酒，放得越久，则越浓越醇；朋友也是一杯白开水，清澈透明，没有一丝杂质。而爱情其实很简单，一个眼神，一个举动就够了。人生漫漫，追逐的东西太多，但对待周围的人，我们一定要懂得珍惜，懂得呵护，否则老之将至，悔之晚矣！

❋ 请保护好此生不变、血溶于水的亲情

"亲情",多么美好的字眼。它像和煦的春风抚慰着我们的心灵,它像绵绵的春雨滋润着我们的心田,它像明媚的阳光给予我们温暖,它像坚实的臂膀给予我们力量。亲情是一根绳子,用它的身躯,把心与心紧紧地连了起来;亲情是一罐蜂蜜,蕴含着浓浓的香味,使人们的心如痴如醉!其实,亲情就是一种幸福,一种永恒。从婴儿的"哇哇"坠地到哺育他长大成人,父母们花去了多少心血与汗水,编织了多少个日日夜夜;从上小学到初中,乃至大学,又有多少父母为我们呕心沥血。

作为一个女人,其实最能体会到亲情的含义,因为经历从人女到为人母,亲情不只是一瞬间内心的触动,而是彻底的改变,是一种能改变十个月期望的力量,一种能忘却使命的神奇,是一种渴望平安的永恒。但丁说:"世界上有一种最美丽的声音,那便是母亲的呼唤"。女人固然是脆弱的,但母亲却是坚强的,没有无私的自我牺牲的母爱的帮助,孩子的心灵将是一片荒漠。女人,当你学会体会亲情的时候,你就能读懂什么叫永恒,因为亲情是此生不变的。

爱情永恒吗?不尽然。爱一个人究竟可以爱多久?喜新厌旧之人不占少数。一生一世专心爱一个人是很难的,尤其是对那些我们所爱的人熟悉之后。当我们感觉摸透了爱人之后,自认为已经读懂之后,爱情就开始走下坡路,我们就开始有意无意地忽视曾经有过和正在继续的爱情,而渴望新爱情的发生。爱情的厌倦感是难以避免的,而且是随着时间的流逝而进行累加的,尽管亲情也在这个阶段里累加起来。此时,亲情和厌倦感就开始交战起来,若是亲情战胜厌倦感,两个人就甜甜蜜蜜地相处下去;若是厌倦感战胜亲情,两个人就不得不说分手和离婚的话。

友情永恒吗？也不尽然,我们的朋友也可能因为个人利益问题出卖友情,给我们带来情感的伤痛。

但亲情是永恒的,母亲的爱总是无微不至,而父爱则是伟岸的,亲情是一种没有条件、不求回报的阳光沐浴,亲情是最无私的。而只有当我们体验了亲情的深度,才可能领略到友情的广度,拥有了爱情的纯度,这样的人生,才称得上是名副其实的人生。

我们生活在一个幸福的年代,但我们依然要珍惜我们所拥有的亲情,我们来看下面一则心情故事：

"从我断奶后,爸爸妈妈都在外打工,基本都是外婆照顾着我,在外婆的悉心照顾下我进入了幼儿园,上了小学。每天上学的时候,外婆都会准备好早饭,中午回到家的时候,外婆还在地里忙农活儿,但是揭开锅盖每次都会看到温热的饭菜在等候着。

要是突然下起雷阵雨,不会骑自行车的外婆还会步行到我就读的学校送雨伞,所以我一般情况下不管晴雨都会带上一把雨伞,因为不想看到外婆站在风雨中拿着雨伞等我下课。

不知道有多少个寒冬的早上,我正上着课,远远地就可以看见外婆挽着菜篮子站在教室外边等我下课,下课铃声一响,外婆就会从胸口摸出带有余温的烧饼给我吃,还会叮嘱一句："不要给＊＊"看见啊！（＊＊是舅舅的女儿,我和她差不多大）。那时候子女多,所以孙子孙女也就多,可钱却是很宝贵的,不可能给每个孩子都买一个烧饼吃,所以外婆只能偷偷地买一个来送给我吃,要知道外婆自己可是从来不舍得买一个来吃的啊！我知道外婆疼自己,所以也是很讨巧地,小心翼翼地不让舅舅家孩子知道,不过心里暗下决心,等我长大了、赚钱了,一定要给外婆买好多好多吃的东西,一定要好好地孝顺亲爱的外婆。

记忆中,我有时候会调皮捣蛋惹外婆生气。记得有一次,我非要吵着用新毛巾洗脸,那时候的老人家们很宝贝毛巾,除非用得破旧不堪不会换下来,外婆不舍得拿出新的来,我就哭闹,说外婆不疼自己,还赌气不吃午饭就去了学校,那天外婆也是没有吃午饭就去了地里干活。结果到晚上,她的胃病发作。那是因为外婆非常气我不懂事,同时又非常心疼我不吃午饭就去学校上课。

还有一次,那是印象很深刻的一个恶作剧,不知道因为什么我又和外婆闹脾气,我赌气说我去跳河里死了算了,忙于农活的外婆没有搭理我,后来我真的跑到河边。"噗通"很大的一声传来,外婆一开始没在意,心想我一定是说着玩的,但是过了一会儿都没见我过去,赶紧跑到河边一看,我的鞋子在岸边,人已经不见了,水中泛着一片一片的涟漪,这时候外婆急坏了,二话没说跳入河中。

这时候,我从旁边的柴草垛里跑出来喊外婆,幸灾乐祸地笑话外婆上当了,非常得意!但是接下来的情形让我很害怕,眼看着外婆就要沉下去啦,我赶紧一阵呼救。

听到声响的外公赶过来,吓坏了,外婆可是不会水性的呀,赶紧跳下去把外婆拉起来。

得知原委后所有人都在埋怨我不懂事,怎么能开这个玩笑,怎么能捉弄外婆啊。只有外婆笑着说"好在孩子没出事,要是真跳下去了可怎么办。"

这次的恶作剧成了我心里永远的痛,实在是很不应该,最最疼爱自己的外婆看见我落水都不顾自己不会水性扑进去,要是真出了什么事,那有多严重啊!直到现在,我都不敢想起这件事,只要一想起来就会触动心底那根疼痛的弦,让我懊悔不已,而这也是一个无法弥补的永远的遗憾。"

看完这个故事,我们不禁会感叹,血浓于水,亲情是我们一辈子的财富。可是生活中,又有多少女人能和故事中的主人公一样读懂细腻的亲情呢?

有人说,做女人难,的确,做一个能在家庭、事业上都游刃有余的女人实属不易,但无论如何,我们也要保护好此生不变的亲情,要学会爱家、爱丈夫、爱父母、爱子女,有爱的女人才有血有肉。珍惜来之不易的亲情吧,你会发现幸福快乐就在你身边!

❈ 爱情需要付出,才能收获温暖的爱意

爱情应该是一种很美妙的东西,因此才会有那么多的人不断地追求与向往。爱情也应该是人世间最美好的一种情感,所以才会让人品味到一种难以言明的幸福。爱情应该有超强的磁力,所以人们不惜耗尽一生的精力去追求那种至纯至美的爱情。

从古至今,爱情就被那些文人墨客浅唱低吟得美妙绝伦。行走之间,见惯了那些痛彻心扉,刻入骨髓的情爱。不知是哪一位哲人发出了一声慨叹:"女人,在爱情面前就变成一个智障患者。"当面对来临的爱情时,女人却总是晕头转向。但女人一定要明白,光有爱还不够,爱情还需要我们悉心的呵护与付出,不懂得付出爱的女人,同样收获不到爱。

可能在中国传统女性的观念里,女人就应该是被呵护的对象,她们都希望找到一个疼爱自己、呵护自己的另一半。开心时陪她笑,不开心时逗她笑;想哭时让她哭,懂得安慰她并且给她一个宽厚的肩膀让她依靠;需要的时候可以随时出现在她身边陪伴她……但你忽视了一点,想要感情长久,只靠单方面的付出和努力是远远不够的,感情是相互的,也不是你付出多少就会得到多少。爱一个人不是看他能给你多少,而是看他是不是有多少就给多少! 因为爱情本来就是不相等的、不公平的、甜蜜的、痛苦的:

1. 爱情永远是不相等的

对于两个相爱的人来说,总会有一方比另一方爱得要更多一些,不必过于计较他为你付出了多少。

2. 爱情永远是不公平的

对于单恋的人来说,即便是对方不爱你,你依然会甘心为他付出一切你

所拥有的,越是得不到就越爱,只不过你爱的人他不爱你。

3. 爱情永远是甜蜜的

对于两个相爱的人来说,在一起总是那么开心那么甜蜜,即便是偶尔吵架,伤心地流着眼泪也会不停地想念他,合好之后就更加珍惜。

4. 爱情永远是痛苦的

对于两个相爱而不能在一起的人来说,在一起是那么幸福,然而幸福和开心只是短暂的,最终还是会分开,只因为遇到的时间不对。

的确,其实当你拥有爱情的时候,可能觉得也不过如此,也许根本不知道自己其实深爱着对方,但是往往失去后才会明白,原来他对你来说是那么重要。女人你要明白,爱情是需要去争取的、付出的,爱上一个人,只要一分钟,忘记一个人却需要一辈子,就像一句歌词"有多少爱可以重来,有多少人值得等待?当懂得珍惜以后回来,会不会还在……"不免有些凄凉。在你的一生当中,也许会遇到很多爱你的人和你爱的人,但无论怎样,遇到了你生命里的爱人,就要懂得珍惜,任何一段感情,都经不住你源源不断地索取,所以,我们也要学会为爱情付出!

一个有名气的女人,在她的结婚周年纪念日的下午来到一家首饰店,急匆匆地买了枚戒指,她对首饰店的服务员说:"请把戒指包好,天黑之前送到我家,给我丈夫,我还要参加一个会议。"

然后,她匆匆忙忙填写了一张卡片,上面写道:"亲爱的,晚上我还有一个会议,抱歉不能与你共同庆祝。"

在她逗留于首饰店的短短时间里,进来一位老太太。老太太一进门就说:"给我看看你们这里的手表。"

这个有名气女人回到公司,交代了一些工作后,马上开车赶她的会议。就在公路上行驶时,她看到了一个似曾相识的身影,那不正是要买手表的老太太吗?她放慢车速想看看老太太在干什么。原来,老太太在一个小小的墓园里,她正把那手表埋在墓地旁边,然后静静地坐在那里,一动也不动,背影写满了悲伤和怀念。

这一幕映入这个名女人的眼里,她的心忽然痛了一下。然后,接下来的事情是,她开动引擎,把车子调头,朝着来时的方向疾驰而去。她赶到那家首饰店,推门进去,幸好首饰店的服务员还没有送出那枚戒指,她急忙说:"请把戒指给我,我自己送!"

当她开车回家时,她看到丈夫一个大男人的在喂孩子吃饭,不禁失声哭出来。

那个名女人和她的丈夫度过了一个快乐的结婚纪念日。可是,让人久久思量的是,有多少人正像故事中的女人一样,忽略了身边的爱人,透支了爱情?又有多少人像她一样,因为一件偶然的事情而醒悟,意识到爱情也需要涓涓细流般地付出?

那么,作为女人,我们该怎样为爱付出呢?

1. 多理解,多包容

那些聪明的女人,无论是在爱情中还是在婚姻中,都能在平淡的生活中寻找到那份惬意、那份关爱。她们明白,理解与包容就是对爱情最大的付出,也因此少了许多"无理"要求。她的理解和认同使她女人味十足,也更能赢得爱人的疼爱和尊重。

2. 做爱人的左膀右臂

千里姻缘一线牵,两人在世相遇乃是天作之合。妻子没有丈夫的支撑像鱼儿离了水;丈夫失去妻子的辅助像瓜儿断了秧,两者之间的关系是相辅相成、密不可分的。当然,女人要做爱人的左膀右臂,不仅仅是在事业上,还应该做到相夫教子,尤其在教儿育女方面,儿女与母亲接触时间最长,母亲就是孩子的良师益友,母亲的一举一动都会对儿女的一生产生深远的影响,就像许多出名的作家都是从小深受母亲的熏陶,笔尖下流露的也是对母亲的颂赞。

所以,作为女人,一定要和丈夫同心同意,系牢同心结,两人都为家业尽心尽力,夫唱妇随,用毕生的精力去劳动、去实践,这样才能拥有幸福的婚姻!

3.给平淡的爱情与婚姻中加点"蜜"

对职业女性来说,最困难的是平衡家庭和工作。很多时候,职业女性就像一个不够娴熟的"挑夫",一头挑着工作,一头挑着家庭,为掌握它们之间的平衡而心力交瘁……但再忙再急,也不要忽视了你的爱人,忽视了幸福的婚姻才是家庭和睦、工作顺利的基础。为此,你不妨偶尔请爱人看场电影、吃顿自助餐、写封情书,或者偶尔放下工作,带着爱人来一次"私奔"行动……这些,都会让你的爱人感激不已!

❈ 迷糊一点对待爱,不要总挑情感的刺儿

生活中,我们经常能见到一些"精明"的女人,她们翻看丈夫的公文包,探询丈夫的行踪,查阅丈夫的手机信息,试图为自己的猜想找到蛛丝马迹,结果往往酿出一场场家庭悲剧。"精明"让女人在一些事情上只会想象和猜想,最终让女人钻入死牛角;我们也看到一些看似迷糊的女人,她们会在一些事情面前去分析、去寻求最理想的解决方法,这两种女人之间横隔着的就是——理智——大清醒。

实际上,任何一个女人都应该明白,婚姻这个字眼是阳光的,在一个充满了怨恨、愤怒、讽刺的环境里,爱会消失殆尽,而在一个相互尊重、接纳、诚恳的环境里,爱会茁壮成长。如果我们都能迷糊一点对待爱,不总挑感情的刺儿,那么,爱情里就多了些信任和安全感,婚姻自然能美满幸福。

一个男子与他的妻子度过了婚后一段日子后,开始对平庸的生活产生了厌倦。这个男子在与妻子的女友交往过程中渐渐地对她产生了爱慕之情,在几经反复与踌躇后,他向妻子的女友发出了约会邀请,妻子的女友答

应了他。

出门的时候,他若无其事地对妻子说晚上有事,要晚点回来。妻子也没说什么。

他兴高采烈地在妻子的女友面前侃侃而谈,免不了要谈到他的妻子,他抱怨妻子如何如何地让他感到厌倦,说妻子只懂得柴盐油米,不懂得浪漫。他试图握住妻子女友的手表白心意的时候,妻子的女友对他说:"对不起,时间到了,我答应了我的朋友。"

他惊讶地说:"你朋友是谁?"

妻子的女友说:"你的妻子。"

他愕然了,一副垂头丧气的样子。他觉得做了很对不起妻子的事情,他拖着沉重的脚步推开家门的时候,妻子在等他。妻子对他说:"这不怨你,我还有做的不到的地方。"他感到无地自容,只有深深的愧疚和感动。于是,最后他和妻子紧紧地拥抱在了一起。

后来的日子,他们彼此之间多了一分信任,一分恩爱。

故事中的妻子是一个大度的女人,当朋友告诉她说她的丈夫有出轨的想法时,她并没有气势汹汹地和丈夫吵闹,而是给丈夫一次反思的机会,然后心平和气地承认自己的不足,并表示自己是爱丈夫的。她的智慧与宽容挽救了她的家庭以及幸福。

的确,无论是爱情还是婚姻,说白了就是两个人如何相处,而最高境界的相处之道,莫过于糊涂。俗话说,"难得糊涂",大度一点,迷糊一点,你会发现,呈现在你眼前的,就都是美好。

那么,作为女人,在爱情中该如何做到迷糊一点呢? 对此,我们不妨遵循以下"三少一多"的原则:

1. 少猜心思

不要以为你知道伴侣的想法或者感受。很有可能你猜错了,这会造成不必要的冲突。

想象一下这个场景：你走进起居室，看见丈夫坐在他最爱的椅子上，对着墙怒目而视。他嘴唇绷紧，牙关紧咬。你的即刻反应是"害怕"。"我做错什么了？他为什么生我的气？"你试着靠近他问："大卫，怎么了？"想着他可能要对你发一通脾气。丈夫慢慢地转身朝着你。他紧张且生气的表情开始融化，然后伤心地说："我被解雇了。""感谢上帝，至少不是我让他不高兴了！"你差点脱口而出。

在这个例子里，这个女士检验了她的猜想并发现她的丈夫并没有因为她而不高兴。但是，我们是不是经常会做错误的假设，并且不加判断就认为自己想的是真的呢？

我们在婚姻中常常发现假设、错觉、幻想到头来是错的，或者只有一部分是正确的。很多时候，这只是因为我们缺乏安全感而已。

2. 少点责备

责备是剥夺对方权利的一种表现形式。从本质上说，在责备的时候，你其实是在告诉伴侣——正是他控制了你的感情和行为。你一旦责备对方，就剥夺了对方严肃思考问题和体贴回应的机会。责备时，你没有说出应该说出的委屈和感受，而是谴责、威胁对方，结果只会引起对方和你一样的反应。这导致的不是小规模的争吵就是大规模的"战争"，最终只好痛苦地了解到，无论是在爱情里还是在婚姻里，大家都是平等的。

3. 少做解读

你要明白，很多男人并不希望妻子解读他的想法和感受。你需要做到：明了自己的怨恨之情，并小心不要通过分析伴侣的行为来偷偷地表达这种不满；敞开心怀并且满怀爱意地聆听。

4. 少点在意

不去问一个男人的行踪，只是暗示，会让他不安心，他会自己跟你解释；

听他撒谎，用怀疑的目光微笑，他会不安心，会张口结舌；

不去问一个男人已经暴露的错，他会不安心，会向你献殷勤。

5. 多给彼此一点空间

给男人一些他自己的空间,不要表现得无时无刻都需要他。

给自己一些空间,让自己光鲜起来,生动起来。每天围绕在一个男人身边,把所有的关心都给了这个男人,你还会光鲜吗?不会。所以,爱男人,也要爱自己。

总之,经营爱情与婚姻,有时候我们需要迷糊一点儿,千万别因为自己的"小聪明"而把自己推向痛苦的深渊。

❋ 保留一点小神秘,吸引人要有独门秘籍

很多女人都有这样的感觉,男人在和女人热恋的时候穷追不舍,一旦追到手,就没有以前那样热情了,这是为什么呢?这是因为你在男人心里已不再神秘,他对你失去了探寻的欲望。因此,不要将自己的一切百分百地袒露给男人。一个人如果吃得太饱是会厌食的。

作为女人,我们需要爱,爱是心灵最好的滋养品,是生活最强大的动力来源。很多女人对爱情都充满着美好的憧憬,认为爱为的就是相聚,为的就是不再分离。于是,她们希望和恋人在一起如胶似漆,一日不见,如隔三秋。但等到时间久了以后,浪漫的幻想被琐碎的生活所替代,甜蜜的爱情在生活的磕磕碰碰中逐渐磨损。柔情似水的女孩子变成了唠唠叨叨的女人,甚至河东狮吼;充满阳光的男孩子也变成了散发着汗臭味的、不思进取的男人,直至让人无法忍受。很多女人失望了:爱情怎么会变得这么俗不可耐呢?是我们误解了爱情还是爱情欺骗了我们呢?其实,这并不是爱情的错误,这种落差来源于我们对爱情的误解。作为女人,你要知道,爱情也需要距离和保鲜,放开他并不是失去他。

网恋为什么会让很多人沉迷？就是因为虚幻、神秘。因此，做女人一定要保持自己的神秘感。男人喜欢有神秘感的女人，这和男人的天性有关。男人天生就有很强的好奇心，越不了解的事情就会给他一种神秘感，而神秘感就是一种吸引力。在男人眼里，有神秘感的女人充满诱惑力，其诱惑力就在于女人的莫名其妙、难以驾驭，男人追求具有神秘感的女人，费尽心思而不觉辛苦，相反会觉得其乐无穷。在男人面前，女人要永远保持一点儿神秘感，女人的神秘感会令男人神魂颠倒，不弃不舍。

什么是神秘感呢？所谓神秘感，是指由于男女间的性别差异（包括生理和心理）而产生的新鲜奇特、深奥莫测等体验，它在整个恋爱乃至婚后的生活中，都起着一种特殊的促进作用。男人始终愿意保留着对女人的好奇心，他们喜欢女人的那种神秘感。

结婚后，夫妻天天生活在一起，每天重复着同样的事情，没有一点激情，久而久之，男人就会产生乏味的感觉。而适当的小别，则会产生一点儿空间上的距离，反而会让他找到热恋时的感觉。

有人说，世界上最远的距离不是"我在你身边，你却不知道我爱你"，而是两个明明相爱的人，却不能在一起长相厮守。那究竟我们之间的距离有多远呢？往往是，太近的距离，少点儿神秘；太遥远的距离，又容易相忘。那么，在情感的道路上我们应该保持怎样的距离才算完美呢？以下10项仅供参考：

1. 永远不说多爱你

卡斯特罗有句真知灼见："女人永远不要让男人知道她爱他，他会因此而自大。"

2. 一天只打一通电话

在对方意犹未尽时先挂断，保持适度的神秘感。

3. 一颗平常心

很少有人一生只爱一次，十有八九的恋爱会以分手告终，因此要以平常心看待欢聚与别离。没有了谁,日子还得往下过。好聚好散,千万别"一哭二闹三上吊",这只会使自己变得很可怜。

4. 迁就太多就成了懦弱

谁也不欠谁的,爱他是他的福气。在恋爱中的两个人都是主角,要有自己的主见,懂得适当拒绝。

5. 给他一点牵挂

人离得太近了,缺点就会放大,优点就会缩小。有一点距离,有一点隐私,有一点秘密,是聪明女人的选择。自古就有"小别胜新婚"的说法,互相分离一段时间,彼此给对方一个相互冷静下来审视的机会。当思念的线越牵越长,被琐事磨砺的坚硬的心也才会越来越温柔。

6. 不要逼婚

太爱一个人就会想要天长地久,这时候就渴望起婚姻了。一个劲儿地在男友面前提买婚纱、买房,把结婚的渴望明明白白挂在脸上。如果对方想结婚,不用你暗示他也会去买戒指,反之,你的渴望会吓跑他。

7. 不要天天厮守

爱情的生命力是有限的,要让爱情的寿命长一点,就要保持一个适当的距离,不要天天厮守在一起。

8. 对方永远只是一部分

要有自己的社交圈子,别一结婚就原地蒸发,和所有的朋友都断了往来,这只会让你的生活越来越狭窄。

为什么这样说呢?这是因为如果婚后失去了以往的朋友,那就意味着失去了自己的世界,对朋友的疏远和对丈夫的过分依恋,非但不能把丈夫的心拴住,还会引起他的厌倦。

9. 保持特有的性感神秘

女人对自己性感的身体曲线保持一点神秘感非常重要。然而在婚后,一些女人往往就忽略了这一点,毫无顾忌地在丈夫面前裸露身体,不仅没有了那种曾使男人心动的羞涩。而且,有的女人对内衣也不讲究,甚至不化妆、不修边幅,认为既然两个人已经亲密无间了就没有必要再遮遮掩掩。事实上,男人往往会在这种赤裸裸的"坦白"中失去对女人的兴趣。

10. 女人要为自己的神秘感填充新的内容

神秘感不是固定不变的,也需要不断地更新,需要靠女人不断地学习,用知识和智慧来充实。如果徒有漂亮的外表,而没有丰富内在修养的女人,往往只能够使人在感官上取悦一时,一旦与男人相处久了,由于知识贫乏,思想没有深度、缺少神秘感,便很快失去了吸引力。所以,在男女相处的过程中,注意不要过快、过于充分地将自己全部暴露,要学会细水长流,渐渐地春光外泄,方能保持永恒的吸引力。

总之,爱情是一种高贵的精神上的消费品,当然需要保鲜,而这种保鲜剂恰恰是我们忽视了的距离。幸福的女人并不一定是整日和自己所爱的人耳鬓厮磨在一起的,等待自己心爱的人!归来的脚步声时的那份温柔渴盼,更是一种发自心底的爱意涌动,也更能唤起对方的热情响应!

❀ 给男人面子,不要总想争出胜负

作为女人,回想一下你是否有过这种经历:

一般来说,只要家中有"美女"作客,你的丈夫总会比平时与你在一起时更兴奋、更富于表现力,更显得有风度……每每这时,你往往有一种备受冷落的感觉,情绪低落而沮丧,可表面还要平静如常。有时你甚至会想到,丈夫是不是不爱自己了,因而你便在"美女"走后故意流露出一种不快或抱怨,弄得丈夫也莫名其妙,问:"你怎么了?"可你却觉得他是在明知故问。如果你当场就指责丈夫"不道德",他恐怕还会为此大发雷霆。

其实,假如你的丈夫仅仅是在其他女性面前有时表现得比平时对你热情、更爱交谈,那么这是完全正常的,错在你自己。因为,他在那时也许只是更想表现自己的才思与智慧而已。而女孩子那种钦佩渴盼的眼神和赞许,或许会使他有更多的表现欲也是在情理之中的。尤其是男人都是死要面子的,如果你当众不给他留情面,他会下不来台,进而恼怒你的"无聊"的。

另外,你是否也有过这种情况:

一天回家,突然看到丈夫领来了一帮"不速之客",买了好多烟酒肉菜,搞得满屋子杯盘狼藉。你心里挺不高兴,觉得这是丈夫对自己的不尊重。

如果这样想,你也许又错了。可以想象,当你的丈夫的同事或多年旧友见面后,都提议聚一聚,而你的丈夫慷慨地说:"到我家去。"可他人故弄玄虚地说:"是否需要和嫂夫人打个招呼?"丈夫被这么一将,自然自尊心油然加重,一拍胸脯说:"咱们家没这规矩。"

妻子应当理解丈夫的心理,他只是不希望被人认为是怕老婆,其实他心里可能着实有些歉意。要给男人一些自作主张的机会,哪怕是一时的或表面的也好。

有的妻子喜欢研究健康问题,她不断向丈夫强调锻炼、饮食结构以及经常性医疗检查的重要性。而且,无论丈夫吃什么喝什么,妻子都要唠唠叨叨说明各种食物的禁忌。然而,她无法理解的是,她说得越多,他听得越少。原因就在于他觉得自己被当成了小孩子,太没面子了。

类似的事情还很多,若不注意,很可能无事生非。因此,对丈夫的话要理解,千万别胡乱猜测,以至于向他耍脾气,闹得丈夫不知你为何发难,把平静的日子搅得烦躁不安。

而给丈夫面子对于很多女人来说都比较难,女人放不下自己的虚荣心,给丈夫面子不就是要让自己低头吗?于是乎,为了自己的虚荣心,女人往往会在丈夫面前显得不可一世,恨不得让人人都知道这个丈夫是怕老婆、唯老婆是从的。其实,有这样想法的女人犯了很大的错误,因为给丈夫面子不是灭自己威风,而恰恰能体现一个女人的涵养,要是你不给丈夫面子,而且要让丈夫为你的虚荣心牺牲,那么后果可想而知。

那么,女人们,应该如何给自己的丈夫面子呢?当然,这要视具体情况而定：

1. 在丈夫的朋友面前

其实丈夫对自己周围的人很重视,想得到他们的认可和赞誉。那么,作为女人就要懂得如何在丈夫的朋友们面前给自己的丈夫面子,这是一件很难的事情,在熟悉的人面前你会不自地的放松,说话有时候也无所顾忌。但是,越是在朋友面前,丈夫对于面子看得越重,那么你会不会在朋友面前给自己的丈夫面子就变得尤为重要了。

2. 在丈夫的父母面前

在丈夫的父母面前,你一定要给足了丈夫面子,这样会给丈夫一种安全感。丈夫孝顺可以说是无可厚非的,要是你在丈夫的父母面前对着他大喊大叫,做些不给他面子的事情,那么你的幸福也即将结束。其他方面丈夫可以容忍,但是在这里,他绝不会对你妥协,至于为什么,你可以换一个角度想一想,就知道答案了。

3. 在丈夫的同事面前

同事之间可以说有友谊也有仇恨,尤其是男同事之间,貌似个个都是私家侦探,谁家的老婆好谁家的老婆不好都一清二楚,那么作为老婆的,就不能让他的同事抓住把柄。要是由于你的一时疏忽而让他在同事面前抬不起头,那么你也会随之在他面前抬不起头。

4. 穿衣打扮

穿衣打扮说简单很简单,说难很难,那么一个女人会穿衣打扮对男人来说也是一件挣面子的事情。这样,他拿自己的老婆和别的女人相比时,就会有一种优越感和成功感。如果你做到了这一点,那么你就得到了这个男人的认可。如果你是一个男人们都喜欢牵手的女人,哪怕是你要求他陪你去逛街,他也会毫不犹豫地答应你。这就是所谓的双赢。

5.遇到突发事件沉住气

只要是生活,总会有这样那样的突发事件,女人要有这样的心理准备,给男人一次惊喜,哪怕就一次也就够了。你不要在有事的时候大吵大闹,大哭大叫,你要相信自己的男人能够很好地处理这件事情,越是糟糕,你越是能沉得住气,就是给了男人莫大的面子。男人也是人,也有弱小的一面,不要一厢情愿地认为男人就是要保护女人的,有时候女人也可以保护男人。

6.公共场合识大体

其实大多数女人都很喜欢陪自己的丈夫和男朋友去人多的地方,但是他们的心可不一定是这样想的。首先,他们需要的是一个可以给自己脸上贴金的女人,而不是一个所谓的泼妇。那么,男人在权衡利弊以后,如果自己的女人识大体,他会很乐意,但是如果自己的女人没有一点儿可以称道之处,就只好"扔"家里了。那么,要想做一个成功的女人,就必须学会怎样给自己的男人挣面子,这其实是一门非常深的学问,而且不是所有女人都能够学会的。

总之,女人给的是面子,收获的是男人的心。女人给男人面子,其实是一种爱,是一种尊重。不要想"我给你面子了那我的面子谁给",其实,你在给男人面子的同时,别人对你的评价也越高,他们会觉得你是一个识大体,懂得轻重的女人。可以说,你在给一个男人面子的时候,得到的远比你想象的要多!

❄ 不必太矜持,沟通才能爱得更明白

美满的婚姻能让家庭成为幸福的港湾,无论哪个女人,这个港湾都是不变的牵挂。如何让婚姻一路走好,是每个女人都关心的问题,但对于此,女人往往显得矜持。而事实上,只有主动地沟通,才能及时解决婚姻生活中出

现的种种问题,才能避免矛盾的淤积。那些正在享受幸福婚姻或是遭遇婚姻障碍的人们,都有着相同的感受:牢固、美满的婚姻是建立在坦诚的沟通之上的。

可能有些女人会有这样的疑问:"以前我们很好,他为什么会变心?"那你发现没有,他之所以有外遇,主要是因为与第三者谈得来。一位美国资深的婚姻专家说:"没有不良的婚姻,只有不良的沟通。"在现实生活中,婚姻中的许多问题正是由于沟通不良引起的。对此,浙江大学的一位社会学教授也表示赞同:很多婚姻的破裂,就像《中国式离婚》中的两位主人公一样,是由于生活中的种种误会、矛盾没能及时沟通,日积月累,才最终使婚姻走到破裂的边缘的。

夫妻沟通最大的障碍在于语言不同,又不肯屈就对方的语言,结果是连沟通的意愿也没有了。(男人常把女人的抱怨当"故障报修"来排除,女人则常把男人的抱怨当移情别恋来猜疑。男人总把女人的抱怨当做是对自己缺点的不满,以为只要将这些缺点改掉,就可以解决问题,关系也就可以不受影响。但是,女人的抱怨经常只是提醒男人该做未做的事,而不是要求他改变。女人则常把男人的抱怨当做是不再爱自己的象征,然后便开始怀疑自己是否魅力不在,或怀疑对方是否有了新欢。难怪有许多女人相信,只要抓住男人的胃就可抓住男人,或是整容,或是花上数十万元去美容中心,以挽回男人对自己的注意。当然,这并不能真正解决问题。

夫妻双方来自不同的家庭,不同的成长经历、文化背景、社会关系,导致双方的价值观、思维方式、生活需求及解决问题的方式等存在差异。这些差异,在恋爱阶段不易被发现,婚后一起生活得时间长了,则越来越多地暴露出来。而良好的沟通,会使双方彼此了解,相互适应,有助于建立牢固的婚姻关系。

陈太太最近因为婚姻问题很伤脑筋,对此,她的亲人们把她和丈夫拉到了一起,以找出问题的症结所在。

"他是个事业至上的人,总是忽略我的感受,甚至主观地认为没有必要去主动关心我,因为他已经提供给了我很好的物质生活。这种没有爱情的婚姻比发生了婚外恋的婚姻更让人无法忍受,所以我也被弄得没什么兴趣和他说话了。"

对此,陈先生的回答是:"她是个性格内向的人,她习惯于把所有的话都埋藏在心里,不交流。也许她的内心有着太多的念头和想法,但她却没有任何要和我分享的打算,对朋友说的话总是比对我说的多,我们的夫妻生活也是平淡无味的。我曾去咨询过心理医生,医生分析说,她这样的人其实相当脆弱,并且害怕伤害,常常自我封闭。这些年,不知道是不是受她的影响,我也变得沉闷不说话。"

后来,陈太太表态,她心里也十分想与丈夫沟通,但却因为太矜持,觉得应该由丈夫主动解决。不过庆幸的是,在亲友们出面的情况下,她决定心平气和地与丈夫进行一次沟通。

现实生活中,很多女人都和案例中的陈太太一样,她们的婚姻问题有时候并不在于男人,而在于女人过于矜持,不愿意主动沟通。之所以有这样的心理,是因为女人要的只是被捧在手心上疼爱的感觉,她们也不习惯用言语来表达情绪,女人认为如果男人真的在乎,就不会一点儿都查觉不出女人的不满情绪,即使没说出来也该知道;有很多女人是不习惯有什么不满就发泄出来的,往往为了不想破坏感觉与关系,多半会先采取容忍的态度。但实际上,早已习惯了平淡的男人,也早已认为女人已经嫁给他了,大可不必像恋爱中那样用甜言蜜语讨好她,同时,出于自尊心和面子的问题,他们更希望女人能主动一点。他们认为有不满就要说出来,对方才能知道,不必猜来猜去;而如果不把不满说出来,对方便无从改善,所以表达不满是为了点醒对方、解决问题,是一种善意沟通的桥梁。因此,作为女人,我们不妨先沟通,何必吝于自己的话语呢?

要维系好的婚姻关系并不是不可能的,但关键不在于你是否够幸运能遇到一个不会有问题的丈夫,而是你是否能在与他相处的过程中学会沟通与成长,化危机为转机。所谓的沟通,不是要你说服对方要顺从你的想法,而是要了解对方的想法,并找出异同之处,求同存异。而成长,也不是要一味地指出对方的缺点要求他改变,而是要接纳对方给自己指出的缺点,从改变自己做起。

对于女人,有几点关于幸福婚姻的提醒:

1. 学会沟通和谈判

沟通可以使对方了解你有什么需要、愿望、变化和感受,这是夫妻保持关系畅通、活跃的重要方式。

2. 当婚姻面临挑战时,共同面对生活

夫妻双方应该是互动、和谐、互助的。当爱人脆弱的时候,你应该帮助他坚强起来,渡过难关。

3. 精心呵护情感才能百年好合

当发生争吵时,如果是你的问题,你就要主动真诚地道歉,有了良好的认错态度后,对方自然会虚心地自我批评。一个和好的表示,就可以软化双方气愤的情绪,甚至因为得到了沟通,宣泄了负面情绪而加深彼此的理解和爱情。

4. 不断更新才能天长地久

永远的幸福,就是能够保持新鲜活泼的感情关系。如果有一部分失去了,你要再造它,如果破坏了,你要修复它。必须经常给你的婚姻注入新鲜活力,婚姻才能长盛不衰。

总之,夫妻之间过多的争论只会伤害感情,你可以换一种方式,如向对方多提一些希望和建议,而不是无休止地埋怨,多一些赞扬,少一些批评。保持幸福婚姻的技巧不是与生俱来的,需要在生活中不断学习,在生活过程中去领悟。

❈ 懂得珍惜，所有的感情都禁不起斤斤计较

女人们，当你披上婚纱，被一个男人牵着手走近婚姻殿堂的那一刻，你就要把自己那些所有关于爱情的美好憧憬收藏起来。这不是说你们的爱已经终结，而是说你们的爱才刚刚开始，这种刚刚开始的爱更多的是需要你的尊重、理解、宽容和珍惜，因为所有的感情都禁不起斤斤计较。

生活中，我们经常会听到一些男人对女人说："我错了。"而这句话多半是言不由衷的、"我错了"这句话往往被认为是男人的专利，女人是不屑于说出口的，有些女人表达自己错了的方式就是撒娇，以撒娇来证明自己的理亏是能受到普遍欢迎的，当然也是值得提倡的。以撒娇来博得男人的同情继而原谅，说到底还是没有真正认识到自己的错误，只能让他怀疑是下一次错误的前奏。而在有些女人的世界里，似乎只有男人才会犯错，她们的爱是霸道的。而大多数女人却用一句"都怪你"来倒打一耙，女人在许多事情上没有主见，作一项小小的决定之前，总爱问男人："是这样吗？这样行吗？"一旦男人点头，便放心大胆地去做，若是成功了，就会兴高采烈，倘若失败了，就会把责任推到男人的身上，主意是男人出的，后果也就应该由男人来承担。其实，偶尔说上一句"我错了"会让女人更有魅力。

生活中，我们还经常听到女人这样质问男人："×点到×点之间，你在干什么？"等，以此来确定有没有"作案"时间。而一部分女人在发问时，往往抱的就是这个态度，似乎男人一刻不在女人眼前出现，就是在外面有不轨行为。

其实，男人应该拥有自己的生活空间，这个空间是自由的，毕竟男人有着自己的事业和交际圈，爱他就要相信他，相信他就要给他以呼吸的空间，

一次两次责问可以,多了就有"间谍"的嫌疑,彼此之间就会产生隔阂。从法律上讲,男人是没有义务事事向女人汇报的。有些女人也许会说,我的那位就不生气,我问他就会老老实实地回答。而这不一定就是好事,男人让着女人并不代表他就是怕女人,他或是心疼,或是不屑于纠缠,就算是真的怕了女人,那这个男人也就彻底失去了棱角,成了"妻管炎"。所以,对此女人千万不要引以为豪!

如果"××点到××点之间,你在干什么?"这句话是从女人温柔的小嘴里飘出来的,倒是会让男人感动一下,它体现的是女人对男人的关心,因为这句话后面隐去的是"我都担心死了",但若是横眉质问式的,就会让男人反感,因为这句话在警察审问犯人的时候出现频率最高。

以上这两种情况都是一些典型的对爱锱铢必较的女人的所为,也许是女人过于感性,所以对于看似美好的事物容易心生感动,又对婚姻总是有种不安全感。于是这些或忧郁、或婉转的不安全感困扰着女人。可是爱情不仅仅是一种感情,还是一门学问。我们若想珍惜爱,就要做到包容一点、大度一点。

那么,具体说来,在婚姻生活中,我们该从哪些方面着手呢?

1. 不失礼貌

其实,结婚不仅仅是女人身份的一次蜕变,还是一场心理的考验。如果你认为这个和自己同眠共枕亲密无间的男人是自家人了,完全可以像对待私有财产一样随意了,那你就错了。一个聪明的妻子对待自己的丈夫,会像对待客人一样文雅有礼。

礼貌——在女人的婚姻生活中占有很重要的位置,这就好像"唇亡齿寒"的道理一样。礼貌就好像一扇敞开的门,它让人看到了长在门内的花朵。相信任何一个做丈夫的,都最怕泼妇、悍妇、长舌妇了。

下面这位女士在这方面就表现得不够"聪明"。她的丈夫患有胃病,一次到吃饭的时候了,她的丈夫还在看书,虽然她很心疼和关心丈夫,专门给丈夫煲了汤,但她却在叫丈夫吃饭的时候说:"还磨蹭什么?自己有胃病不知道?快来吃饭,当心得胃癌。"一句话说得她丈夫脸色铁青……于是,两个人因为这一句话大吵了一架,事后她还觉得自己很委屈。其实如果她能够温柔一点,礼貌一点,对丈夫说:"快来吃饭吧,你的胃不好,我今天给你煲了汤,很养胃的。"意思一样,但她的丈夫会感动不已,而前一句却让丈夫恼火至极。

2. 少一点对物质的欲望

有过多物质欲望的女人,魅力会大减。很多时候,女人会把对金钱的渴望、对权力的追逐、对虚荣的爱慕寄托在丈夫身上,于是就有了很多的求全责备,有了很多的抱怨。其实,健康就是福,快乐就是福,放下一点身外之物,静下心来,认真地轻松一下,你会发现,柴米油盐酱醋茶都是幸福。

3. 有一点傻气

女人不要过分精明,不要斤斤计较,不要患得患失,不要疑神疑鬼,不要疑虑重重,这些都对你的魅力没有一点帮助。相反,多一点傻气会显得更加可爱。女人有一点傻气,男人就不会过于紧张;女人有一点傻气,就显得更加真诚;女人有一点傻气,更容易激起男人关爱你的雄性激情。当然,傻气不是真傻,不是实傻,而是装傻,是傻得恰到好处。

4. 多一点牵挂

女人必须对男人多一点牵挂,而且必须让男人感觉到这种牵挂。其实,所谓的感情就是牵挂。你越牵挂他,他也就越牵挂你。牵挂可以让男人感觉到婚姻中的甜蜜与幸福。

5. 珍惜婚姻,忠于感情

如果你走在婚姻的十字路口,如果你还陷在婚姻取舍的矛盾之中,如果你依然觉得丈夫的可取之处大于可恨之处,你应该平心静气地与他协商,然后两个人一起好好过。

婚姻中的错误往往来自于双方,因此要学会体谅和宽容对方,而误解和矛盾需要时间来沟通从而得以化解。在婚姻中,一定要率先改变自己,改变自己的冷漠和猜忌,多主动地关爱对方!

❋ 不可过于执著,失去自我的爱是苦果

爱情应该是世间万物自然孕育而成的,它本来是无形的,所以不能刻意地给它一个定义。爱的自然性决定了爱情首先要以宽松为基准,然后它才是快乐的。爱情它源于自然,只有这种自然而生成的爱恋才会更持久。爱情会遁形于我们内心的深处,只有融入到我们心灵深处的爱才是最美丽的事物,所以,爱情来临时,我们不要爱得盲目,也不要爱得愚痴,要爱得轻松,境由心生,越是轻松的心情才会越快乐。而当爱情不在时,也不要过于执著,任何失去自我的爱情都失去了爱原本的意义,要试着把自己的双手慢慢地放开。

首先,我们要明白什么是真正的爱情:

1. 爱情不应该是无限制的包容

既要包容爱人的优点,又要包容爱人的缺点。这样的爱应该很无私,也容易让人感动,但这样的爱却容易失去自己的个性。如果失去了自己的个性,也就意味着失去了你原本吸引人的魅力。当一个人没有了自己的个性魅力,也就意味着他没有了值得被欣赏的地方。没有了被欣赏的价值仅靠一份感动,那爱情还能维持多久?

2. 爱情不应该是一种执著

可能你一度以为只有对爱执著,那才是一种真爱。但当你经历了无数次的痛之后,你会明白,那样的执著根本不是爱,这样的执著只会伤了别人也痛了自己。那样的执著其实是一种贪念,也是一种占有的欲望。当一份

爱情要以付出自由为代价时,还有谁再敢言爱呢?

3.爱情,不是要爱到窒息,也不是爱到给一个人增加负累

爱情应该是一种很美妙的东西,因此才会有那么多的人不断地追求与向往。爱情也应该是人世间最美好的一种情感,所以才会让人品味到一种难以言明的幸福。爱情应该有超强的磁力,所以人们不惜耗尽一生的精力去追求那种至纯至美的爱情。

再次,关于如何对待失恋:

虽然每一本成功学性质的书,都会告诉你"自信"是开启成功之门的金钥匙。但是,胜败乃兵家常事,你本来就不可能是永远的赢家,情场更是如此。

再美丽、再有自信的女人,在一生中总会碰上几个"天敌",或者"失手"几段感情。那你可曾发现,当你接到分手的消息时——不管对方是以何种方式告诉你的,可能是电话、面谈、第三人转告,或者直接让你面对难堪的场面。总之,当那痛苦的一刻来临时,身为一个"被分手者",最快从你身边溜走的,是你的自信。

对于失恋而言,很多女人都经历过。其实,失去的是恋情,得到的却是成长。失恋了,并不是世界末日。有时候,失恋也未必不是好事。也许,那段你以为刻骨铭心的恋情,其实并不是你想要的、你理解的、你真正需要的爱情。有道是:"强扭的瓜不甜"。爱是两个人的事,不能一厢情愿。同时,真正爱一个人,也会尊重对方的选择,处处为对方考虑,即使不能在一起了,依然心中有爱,不会将爱变成一种伤害,化爱为恨。那种所谓爱不成,则因爱之深,恨之切,走向报复毁灭他人或自己的说法与做法,是不懂爱、误解爱、曲解爱的无稽之谈和荒谬做法,是一种狭隘的占有心理。即不可取,不可爱,不理智,也玷污了爱的神圣和原意。

作为一个女人,只有结束了不适合自己的恋情,才能给自己机会,重新寻找新的幸福。分手、失恋,不必太在意,因为昨天即使再美好,也必将成为

过去,今生还有很长的路要走,更重要的是过好今天,把握明天。当然,又不可能不在意,毕竟经历过,付出过,期待过,追求过,也曾经拥有过。仿佛生活就是这样,不如意事十之八九。美好的愿望与追求,总要经历千辛万苦才有可能实现,绝不可能唾手可得。

为此,女人必须正确认识失恋,待情绪稳定之后,要对失恋有一个正确的认识:

1. 学会正确看待失恋

失恋是一种选择的结果,每个人在爱的关系中,其心理需要不同,所做的最后选择也不同。他人没有选择自己不等于自己一无是处,只是彼此不适合而已。

2. 把失恋作为一种人生财富

在失恋中学习,将其视为人生中难能可贵的财富。也许失恋给人带来的强烈的内心冲击是其他事件所不能代替的,但在这个过程中所体会到的情感、挣扎与痛苦,实为一笔人生财富,使人有了更多的人生体验,从而也会在失恋中变得更加成熟。

3. 失恋给人再恋爱的机会

一次失恋不等于整个爱情生命的结束,人还会再恋爱,再体验美好的爱情。尽管失恋是人生中一个很大的挫折,是一种重要关系、一种身份的丧失,但从另一个角度来看,它也是给人一个选择更适合自己的爱人的机会。

其实,爱情本身是一种美,女人因为爱情而美丽。然而,有恋爱就可能会有失恋。失恋这种痛苦的情感体验,会给女人造成不同程度的心理创伤,往往会使女人处于强烈的焦虑、自卑、悲伤甚至绝望的消极情绪中,也会使一些人产生自暴自弃、对人不信任、猜忌、报复等不良的心理障碍。从这个角度讲,失恋可以被称为人生中最严重的心理挫折之一。然而,失恋也是一个人成长的一部分,如果能正确对待,它就会成为生命中的一种蜕变和提升!

　　因此,作为新时代的女性,要学会坦然面对爱情带来的悲欢离合,走出失恋的阴影,从失恋中成长起来,继续在美好的人生路上轻舞飞扬。

第 11 章

体现你的价值,拥有事业、收获有成就感的幸福

生活中,我们可以发现有这样一些女人,她们在最平凡的岗位,她们的工作并不需要什么特殊的技能和能力,但她们乐在其中,因为她们把劳动当成一种享受。的确,当劳动不能成为一种享受,而变成一种循环往复的单调行为时,确实会令人感到乏味。而只有真正热爱工作的人,才是真正幸福的人。如果你只是把目光停留在工作本身,那么即使你从事的是自己最喜欢的工作,也依然无法持久地保持对工作的热情。因此,每一个女人都要记住,女人同样需要一份属于自己的工作,并应该热爱自己的工作。当你在工作中寻找到自我价值的时候,你也就收获到了有成就感的幸福!

❋ 热爱你的工作，用心享受做事的过程

一个有梦想的女人，不会把身心都放在丈夫和家庭上，而是有自己追求的事业，要走自己的路，那样就不会成为男人的附属品。积极的事业心并不会与婚姻生活相违背，男人口中的"出得厅堂，进得厨房"就是这个意思。他们更希望自己的妻子是一个职业女性和家庭妇女的综合体。一个在外面交际广泛、工作能力强的女性，回到家里又能把丈夫、孩子照顾好，那每个男人都会爱，也会尊重她。

要有积极的事业心，也并不是要女人做一个不顾家的女强人，而是说女人要热爱自己的工作，做一行爱一行。然而在实际工作中，我们发现，周围总是有这样一些女人，她们整天抱怨所从事的工作，却拒绝改变。如果你问她们，为什么不干脆辞职，或者要求调任，或者做点什么来改变这种局面的话，她们总是有各种各样的借口："我还要还贷款"、"我的丈夫不允许我这么做"、"我对这份工作已经习惯了"、"也许没有更好的地方了"、"我的孩子们已经结婚了"、"我的工资很高，我舍不得放弃这份高薪工作"、"我没有其他方面的技能"、"我只会做这个"等。而这些，都是对工作不热爱的表现，有了这样的态度，你只会感到工作是枯燥的，工作效率也是低下的。事实上，无论你从事哪行，热情都是你成功的动力。蒂夫·鲍尔默说："我想让所有的人和我一起分享我对我们的产品与服务的激情，我想让所有的员工分享我对微软的激情。"卡耐基说："除非喜欢自己所做的工作，否则永远无法成功。"

成功始于源源不断的工作热忱，因此，你必须热爱你的工作。热爱你的工作，你才会珍惜你的时间，把握每一个机会，调动所有的力量去争取出类拔萃的成绩。

朱莉现在已经是一家连锁餐饮企业的老板了，现在的她，每天脸上都挂满笑容。而六年前，她只不过是一家餐厅的侍应生，而她的丈夫保罗也只不过是一名交警。虽然那时候他们每天都很快乐，然而保罗和朱莉都梦想着有一天能拥有他们自己的事业。他们特别喜欢冰淇淋，并为经营一家冰淇淋店做了一些调查工作，但是他们并没有发现合适的机会。

有一次，一个客人来店里吃饭，朱莉无意中和他聊了几句，原来，对方是一家名为"酷圣石"的冰淇淋店的老板。这引起了朱莉的兴趣，经过数次的拜访和勘查，她和丈夫一致认为这就是自己长期以来所寻找的机遇。于是，他们便决定冒险投资。

当你进入朱莉的这家冰淇淋店之后，你会发现，朱莉工作起来是如此热情洋溢。不论你什么时间去买冰淇淋，他们总会有一个人一直守在店里，与此同时，保罗还保留着警察这份职业。但他们确实是在享受自己所做的工作。

詹姆斯巴里说："快乐的秘密，不在于做你所爱的事，而在于爱你所做的事。"工作在我们的人生中占据了大部分最美好的时光。比尔·盖茨有句名言："每天早上醒来，一想到所从事的工作和所开发的技术将会给人类的生活带来巨大的影响和变化，我就会无比兴奋和激动。"

现实生活中的女人们，可能你认为自己的工作谈不上"惊天动地的事业"，但热爱我们的工作，是每个社会人的职责，也是让自己快乐的源泉。当我们死心塌地地热爱我们所做的工作时，就能产生火热的激情，它能让我们在工作中全力以赴。久而久之，持续地努力付出自然会有回报，你也将因为有出色的表现获得巨大的成就。失去热情，必然会失去继续前行的动力；失去激情，必然会失去战胜困难的勇气，不敢面对挑战，这样的人生必然乏味而无聊。

那么，女人们，从现在开始热爱自己的工作吧。可是，该如何来热爱我们的工作呢？我们是否都曾有过这样的疑问："我喜欢现在的工作吗？是奋力争先还是得过且过呢?"

具体来说,我们不妨做到以下几点:

1. 择业时,不要忘了兴趣

一般情况下,如果你真的不喜欢自己所做的事情,对它缺少积极性,那么就没必要强迫自己喜欢,那是不值得的。不管你得到的薪水有多高,不管你的职业生涯攀上了多高的高峰,那都是不值得的。

故事中,朱莉选择经营冰淇淋店的一个主要原因,是她十分喜爱它。这一点也许毫不起眼,但它就是成功的关键。朱莉和保罗的成功就来源于去做自己热爱的事情。当你光顾他们的冰淇淋店时,你会从他们对未来的憧憬之中深刻地体会到这一点。对于他们来说,在工作上保持积极向上的态度并不困难,因为他们热爱自己所从事的事业。

如果你并不了解自己的兴趣所在,那你怎样才能挖掘出它们呢?其实,有很多方法可以做到这一点。例如,在你目前从事的工作中,你最喜欢它的哪些方面?是和他人共处,还是不和他人共处?是智力挑战,还是解决了问题或者某个问题在某一天结束的时候,有了具体答案的满足感?

2. 在工作中寻找成就感

如果你是教师,你可以通过观察每个学生在学习上的进步、心智的成长来获得乐趣;如果你是个医生,你可以从帮助病人排除病痛体会到快乐。另外,你还应该认识到,在每一份工作中,我们都学到了不同的知识。

总之,现实生活中的女人们,如果你想快乐地工作,那么就要记住,重要的并不是你付出了多少,而是你怎样为之付出。你可以在工作中抱有激情和热心的态度,尽自己最大的能力去做,不管会得到多少,始终抱有这种良好的心态来享受工作带来的乐趣!

❋ 莫把薪资作为衡量工作的唯一标准

可以说，许多女人都希望自己嫁个有钱的男人，过上衣食无忧的富裕生活，这样她们可以不用工作，不用谋求自己的事业，更不用辛苦地赚钱。但事实上，并不是所有女人都可以那么幸运，可以像灰姑娘一样嫁给一个可以一呼百应的王子，她们还是必须得为了生活而奔波、为了生存而工作。但无论你现在从事什么样的工作，都请记住，收入只是你工作的副产品，做好你该做的事，出色地完成你该完成的工作，理想的薪金必然会来。而更为重要的是，我们劳苦的最高报酬，不在于我们所获得的，而在于我们会因此成为什么。那些头脑活跃的人拼命劳作，绝不只是为了赚钱，使他们工作热情得以持续下去的东西，要比只知敛财的欲望更为高尚——他们是在从事自己喜爱的事业。

而在现实生活中，我们不得不承认，我们总是能看到一些女人，因为报酬不理想而放弃现在的工作，为了前方一个薪资更好的工作而放弃了快乐；也有一些女人，在现有工作上"做一天和尚撞一天钟"、"得过且过"，因为她们工作的目的就是为了每月按时发放的薪水，可是她忽略了工作能带给她的快乐。

菲菲是个漂亮的女孩子，她的梦想就是嫁个有钱人。为此，她选择了现在的工作——汽车销售员，为的就是能接触成功男士。每天工作的时候，她都心猿意马，工作业绩自然也不怎么样。月底的时候，她基本上是全公司薪水最少的——基本工资。看到微薄的薪水，菲菲也觉得很委屈，她想，还不如换个工作，这工作太没前途了。

这天，菲菲向她的父亲"提交"了这一想法，没想到，她的父亲什么都没说，只是先给她讲了个故事：

在古老的欧洲,有一个人在他死的时候,发现自己来到一个美妙而又能享受一切的地方。他刚踏上那片乐土,就有个看似侍者模样的人走过来问他:"先生,您有什么需要吗? 在这里您可以拥有一切您想要的:所有美味佳肴,所有可能的娱乐以及各式各样的消遣,其中不乏妙龄美女,都可以让您尽情享用。"

这个人听了以后,感到有些惊奇,但非常高兴,他暗自窃喜:"这不正是我在人世间的梦想嘛!"于是,一整天他都在品尝所有的佳肴美食,同时尽享美色的滋味。然而,有一天,他却对这一切感到索然无味了,于是他就对侍者说:"我对这一切感到很厌烦,我需要做一些事情。你可以给我找一份工作做吗?"

可出乎他的意料,他所得到的回答却是:"很抱歉,我的先生,这是我们这里唯一不能为您做的。这里没有工作可以给您。"

这个人非常沮丧,愤怒地挥动着手说:"这真是太糟糕了!那我干脆就留在地狱好了!"

"您以为,您在什么地方呢?"那位侍者温和地说。

讲完这个故事,父亲接着说:"菲菲,这则很富幽默感的寓言,似乎在告诉我们:失去工作就等于失去快乐。但是令人遗憾的是,有些人却要在失业之后,才能体会到这一点,这真不幸!我也不知道为什么在你的人生价值观中,嫁有钱人就是你的梦想,但我必须得告诉你,做一行就要爱一行,只有工作才能给你带来乐趣,不是金钱! 或许这些,当你真的实现了你所谓的梦想才知道吧。"

听完父亲的这些话,菲菲若有所思。

在现实生活中,也许有很大一部分女性是为了生计和经济问题而工作的,于是,她们总是抱怨自己的老板:"我们只不过是奴隶,我们被雇主压在尘土上,他们却高高在上,在他们美丽的别墅里享乐;他们的保险柜里装满了黄金,他们所拥有的每一块钱,都是压榨我们这些诚实的工人得来的。"但你想过没有,是谁给了你就业的机会?是谁给了你建设家庭的可能?是谁让你得到了发展自己的可能?如果你已经意识到了别人对你的压榨,那你为什么不结束压榨,一走了之?

接下来有四个实际的步骤供你省察一番,让你反省是否知道自己在做什么。试用一点时间来思考一下,也许你会为你所发现的真相感到惊讶:

1. 如何面对工作会决定你是怎样的一个人

很多地方都论及态度的问题,而任何工作都可以用怜悯及关爱的心来做好它。人们会注意到你工作所持的态度以及你对待他们的方式。总有一些时候,事情会超出我们能够掌控的范围,但是我们可以决定的是该如何应对。

2. 不要只把注意力放在金钱上

金钱是永远赚不够的,因此不要再用钱少来当借口。不论我们在月中或月尾拿多少钱回家,我们总会觉得钱不够用的。试着把一星期中所有的支出都记录下来,并找出花费的去向,以调整你真正想要用钱的方向。领薪饷只是工作的一部分,你在工作中获得的满足感应该超越金钱上的报酬。

3. 找出你在工作上的重要价值

用心好好地想一想:你在做什么?你是否为工作单位提供了必需的服务?你是否看到完成的产品?你是否是位发号施令者?然后再问你自己:"因为我的投入,这份工作是否不一样了?"正确的价值观,在个人成就感及福祉中扮演着重要角色。

4. 敢于问自己:"我做这份工作值得吗?"

如果在工作中找不到你喜爱的部分,或发现你成为自己不想变成的人,你可以考虑是否是以下原因造成的:也许你并不是真的需要一份新工作,只不过是要找一个新方向;你是否喜欢工作中的自己?若答案为否,你能够做一些改变吗?或者问题是出在工作本身?你是否要换到另一个部门工作?是否有其他的责任使你无法完成该做的工作?所以,也许你只是需要重新调整好"焦距",审慎地选择你该花费的时间。

检讨自己为何做现有的工作并不代表你对它满意,而只是做一些自省工作。这样的省察可以让自我意识带出良性的工作成就感,加强自我实现的意志以及知道自己真正在做什么,这样,自然就会淡化工作中的功利意识!

❋ 细致有条理,不忽视每一件小事

对现代女性来讲,工作已经成了生活中不可或缺的部分,但什么样的女性更受欢迎,却并非人人皆知。在《生命时报》联合健康网、搜狐网健康频道、智联招聘网进行的大型网络调查中,5800多名参与者选出了她们眼中职业女性的必备素质。专家指出,这些素质贯穿着职场的始终,在不同职业阶段显得尤为重要。而在受访者选出的"职场女性必备素质中","细心"位居首位,高达70.34%的人认为,细心的女人更容易成功。"细心主要指注重细节,我们常说细节决定成败。女性心思缜密,做事情想得更周全,因此要发挥这方面的优势。"

进入职场三五年后,许多女性开始从基层员工向基层管理者发展,此时,工作上面临着激烈的竞争。在强大的男性竞争者中,发挥女性一些特有优势,往往能为她们帮上大忙。其中有个很大的优势,就是她们较细心。因此,她们更容易做到以下几点:

在工作时,通常都较男性细心、认真;

交谈时,会较男性更多地考虑他人的感受,沟通时更能从多个角度出发分析问题;

看问题时,更容易看到一些细节上的问题,想问题时想得比较全面;

解决问题时,会比男性更婉转和更容易让人接受;

管理规章时,会更多地从人性化的角度去管理;

带领团队时,更容易和团队人员沟通及受到团队人员的信赖;

教学指导时,女性较男性更容易被人接受;

创业路上,更容易得到他人的帮助;

创业中,客户会较容易信任女性。

当然了,这只是一部分,也并不是绝对的,只是相对而言。随着岗位的提升,女性还要在注重细节的同时,多从整体上考虑。

十多年前,闻名台湾的"帝国大饭店"董事长陈锦泉夫妇,在自家的豪宅里大发雷霆,因为自己的掌上明珠陈文敏负笈美国留学,取得纽约大学学位之后,竟然进入一家美国人开的五星级大饭店里洗厕所。几个月后,女儿还高兴地来信说:"老爸,我已经成为"带位小姐"了。"想着女儿在异乡成为比服务生还卑微的带位小姐,陈锦泉就快要抓狂了。

出身富裕之家,从小生活不虞匮乏的陈文敏,因为年少时的梦想,她甘愿在美国的大饭店里从洗厕所的工作开始,但是她又如何一步步爬上餐饮总部总监的位子,并以一名东方女性的身份打进纽约上流社会的呢?这其中不免细心。

因为勤奋、细心、灵活,陈文敏顺利地从带位小姐当上了领班。

有一次,美国前国务卿基辛格要到该饭店举办宴会,可是他所到之处,均会引来大批媒体跟踪,因此安全与隐秘成了这次宴会最重要的事。陈文敏本能地问:"有多少随从?"安排这种政治人物的位置非常讲究,陈文敏说:"一定要安排在门口的对角斜线,让他面向大门,背靠墙壁,左右与前面三桌均安排安全人员。"同时,她还设身处地地考虑了用餐的花费。

陈文敏说:"企业人士比较有钱,餐点可以建议较高级的,但是对于卸任的政治人物,要为他们设想花费。"于是陈文敏很细心、又很体面地让基辛格在这家大饭店完成了划算又有面子的宴会。

最重要的是,需要研究知名人物的用餐习惯,而这正是五星级大饭店的竞争力。陈文敏设法打听出犹太裔的基辛格的习惯:不喝酒,爱喝毕雷(Perrier)矿泉水,不吃有壳的海鲜,不吃猪肉。因为基辛格爱喝毕雷矿泉水,所以后来纽约的上流社会都喝毕雷矿泉水。

也因为陈文敏的用心,基辛格后来每回都一定要先确认陈文敏在,才愿意进该饭店用餐。甚至整条华尔街的知名总裁与执行长,包括美国运通的执行长罗宾森、中东银行总经理雷夫、国际投资公司总裁贝克,甚至各国驻纽约的大使们,也都成为她的好朋友。有的客人还会宁愿花时间等候陈文敏来上班。

据陈文敏回忆,有一次,一位女士单独走进来,仔细一看竟然是巨星朱迪·福斯特。朱迪很严肃,不爱讲话,陈文敏一眼就判断出朱迪是很有个性的,是不喜欢被烦的人。接着,陈文敏利落地把她引到角落里的一张餐桌旁,前面还有一棵植物遮挡。

朱迪吃得很清淡,不喜欢油腻,另外也喜欢纽约歌剧。大概欣赏陈文敏的善体人意,朱迪·福斯特后来也常来,但总是一个人。陈文敏利用机会让她知道自己也很喜欢歌剧,所以朱迪有时会邀请陈文敏一齐坐下来聊一聊,询问纽约的歌剧近况。

因为表现优异,陈文敏在当了一年半的领班后,在二十八岁便成为该饭店餐厅部门的经理,创下该饭店的纪录。在她三十四岁时,她又进一步升为餐饮总部的总监,掌理六个餐厅,又一次刷新了该饭店的纪录。她这个东方女性的成就,在当时的纽约变成了大事,她也因此成为《纽约客》杂志以及《纽约》杂志的新闻人物。

不到十年光景,陈文敏已打破竞争激烈的纽约五星级饭店业中的多项纪录,成为最年轻的经理、最年轻的总监以及上流圈中闻名的"WM 宴会公司"老板,打入了纽约的上流社会,成为美国前国务卿基辛格、华尔街银行总裁们以及巨星麦克·道格拉斯、朱迪·福斯特等名流的好友。

之所以陈文敏能够和这些纽约上流社会的名人结下不解之缘,其中最为重要的原因就是她的细心、灵活,或巧妙记住客人们的饮食习惯与爱好,或帮助他们解决一些棘手的问题等。这里,我们再次看到了细心这一女性性格优势,在一个人人生梦想的追求中起到的巨大作用。女性心思细腻,更容易从细微处着手,也更有联想和想象的能力。

那么,我们该如何在工作中做到细致有加呢?具体来说,需要我们做到如下几点:

①对身边发生的事情,要常思考它们的因果关系;
②对做不到位的执行问题,要发掘它们的根本症结;
③对习以为常的做事方法,要有改进或优化的建议;
④做什么事情都要养成有条不紊和井然有序的习惯;
⑤经常去找几个别人看不出来的毛病或弊端;
⑥自己要随时随地对有所不足的地方进行弥补。

一个女人,应该利用好自己的优势,而细心就属于一种性别优势,这是很多男性不具备的。利用好这一优势,有时候就能让你的事业如虎添翼!

❋ 多和同事沟通,深厚的团队感情让你更有活力

21世纪是一个合作的时代,合作已成为人类生存的手段。因为科学知识正在向纵深方向发展,社会分工也越来越精细,人们不可能再成为百科全书式的人物。每个人都要借助他人的智慧完成自己人生的超越。于是,这个世界既充满了竞争与挑战,又充满了合作与快乐。

团队工作模式,这也正是女人的优势。当然,一个团队并不是几个或者许多人简单地集合在一起,而是一个有组织、有管理、有共同目标的结合。你只有要将自己很好地融入自己的团队,努力发挥自己对团队有用的一面,

收起某些有损团队利益的行为,因为团队是你成长和发展的基石,更是获得机会的重要保证,团队是你个人的成功之源,当你离开了团队,无疑成了无源之水,无本之木。而这,就要求你融入你所在的团队,在团队所有成员的共同协作下,最大限度地发挥自己的智慧,成为一个成功者,与团队一起共创优异的成绩!

一个好的团队肯定要经常交流,需要时时刻刻的沟通,从目标到具体的工作细节,甚至到人际关系等,都在沟通的内容之列。沟通的行为和过程在团队建设中相当重要。

而实际上,配合团队作业,女性通常因考虑太多,同时在自我保护的趋使下,排斥与别人分享资源,喜爱自行其是,因而无法很好地进行团队协作。男性则比较能配合团队领导人的指令,拿出最佳本领,协助主管完成任务。

而你要想融入一个团队,就必须学会有效地沟通。沟通是传达、是倾听、是协调,也是一个团队和谐有序的润滑剂。在营销学里,有一个"250 定律",是美国著名推销员乔·吉拉德总结出来的。他认为,每一位顾客身后都大约有 250 名亲朋好友,如果你赢得了一位顾客的好感,就意味着赢得了 250 个人的好感;反之,如果你得罪了一名顾客,也就意味着得罪了 250 名顾客。销售人员与顾客的交往如此,人与人之间的沟通也是如此。所以,认真对待你身边的每一个人,尤其是团队中的成员,会帮你赢得团队的信任,让工作充满激情,也让工作更有效率。

具体来说,作为女性,在团队沟通中,我们需要记住以下几点:

1. 不要期待每个人都是朋友

当有同事直接向你表示:除了公事外,无意与你建立所谓的"朋友"关系时,女性的反应通常是感觉受伤,认为是其他原因所致,接下来,也间接地影响到彼此工作上的合作与支援。对于这种状况,男性的反应常是无所谓,今天在会议中处于竞争对立的立场,明天却一起去唱卡拉 OK,公私泾渭分明,也不会产生矛盾。

2. 不要私下抱怨

当工作碰到瓶颈或挫折时,女性习惯于私下向朋友与同事表达各种抱怨与烦恼,最后可能全公司的人都知道你的挫折。结果是没有解决原有的困难,却换来团队成员对你的不信任。每个人都会遇到瓶颈,但男性不会向其他同事透露烦恼,也不会表现出自己焦虑的情绪,因为这无助于完成工作。

3. 应以工作职务为标准

在我们的团队中,作为团队的成员,你必须对自己的分工和职责有一个明确的认识。在团队中,每个人都有各自的分工以及相对应的职责。正是因为每个人都有着不同的优势,而这些有着不同优势的人组合在一起,才能构成团队的总体价值。所以说,当来到这个团队中的时候,这个团队就已经和你的人生联系在一起了,团队的成功就是个人的成功。在一个优秀的团队中,即使你不是一个万人瞩目的英雄,那也是一个成功者。相反,在一个失败的团队中,没有成功者,更不会有英雄的存在!

因此,不要因为朋友的关系而影响了对公事该有的职业判断。即使彼此不是朋友,只要工作上能配合,能共同达成目的,就可以合作。

4. 懂得换位思考

良好的和有效的沟通,能消除所有的误会和隔阂。沟通的要点是真诚、理解、平等、尊重、认同和适应。任何一个人都不要以自我为中心,要懂得换位思考,通过换位思考,站在对方的角度考虑问题,可能忽然间发现"哦,原来是这样",有了理解和认同以及适应作为沟通的基础,加上尊重、真诚、平等和大家的目标一致,还有什么困难不能解决呢?正如《圣经》所言:"你愿意他人如何待你,你就应该如何待人。"

当你融入一个团队的时候,一定不要忘记沟通,真诚地对待你的同事,这有助于和谐你的工作气氛和加强你的工作效率。同时,团队精神更是一种心灵的力量,它来自于团队成员对于肩负的使命的认同。不管做任何事情,只有认同肩负的使命,才能产生奋斗的激情,才会有工作的动力。因为,只有融入团队,你才能如鱼得水!

❋ 与上级多交流,把握机会表现自己

似乎很多人对女人有一个误解,认为贤惠的女人只要做好相夫教子,做好丈夫的幕后支持工作就好,不需要也不应该过多地表现自己。其实不然,当今社会,女性同样面临着激烈的竞争,只有学会把自己优秀的一面表现出来,才能给自己创造成功成才的机会。拿职场来说,我们要想保持竞争优势,就要有"比他人学得快的能力"。而与上级交流沟通,你就可以变得更优秀,获得更多成功的机会。

的确,身在职场,一定要学会真实地表现自己。老板总是赏识那些有头脑和主见的职员。如果你经常只是别人说什么你也说什么的话,那你在办公室里就很容易被忽视,自然在办公室里的地位也不会很高。作为职场女性,你要有自己的想法,不管你在公司的职位如何,你都应该发出自己的声音,敢于说出自己的想法。

小秦毕业于一所不太知名的大学,在面试的时候,没有任何一家大公司愿意向她伸出橄榄枝,于是,她来到了现在这家小公司。

这家公司成立时间不长,客户管理基础比较薄弱。一次和信息部开会时,她提出尽快做一个CRM——客户关系管理系统,得到不少销售经理的支持。但信息部的经理却以工作忙、项目多为由拒绝了。公司老板也觉得人手少、开发成本高,没有表态。

事后,小秦继续和信息部门的一些员工沟通,说:"请你们给我三个月的时间,我一定会让你们看到成绩。"信息部也觉得客户数据管理太乱,万一数据外泄,他们也得担责任。于是,小秦继续和信息部门的人合作,并给出了

很多合理化建议。最终,在几方的努力下,公司的 CRM 顺利出炉了。整个公司的销售业绩也有了很大改观,为此,信息部的经理在老板面前还夸小秦是"多面手"。

经过这次事后,公司新员工小秦在其他同事尤其是老板眼里,留下了很好的印象,并连续把一些重大项目的开发工作交给了小秦。

小秦这种表现自己工作能力的方式可谓是"曲线救国"了,以一种间接、自然的方式,让领导接受了自己的意见,表彰了自己的功劳。当然,要向领导表达我们与众不同的见解,我们除了要像小秦一样敢说以外,还必须要注意,我们的见解一定是要能奏效的,否则,不但不能让领导对我们刮目相看,还等于给自己制造了一个负面形象。

有的女性在与领导沟通、表达自己的想法时,总是说些无意义的话。所谓无意义的话,就是用来填补讲话中间空白时所说的话,可能是"嗯"、"哦"等语气词,也可能是像"明白我的意思吧"、"你看"等,但并没有什么实际意义。当这些无意义的话充斥在你们的讲话中间时,我们的讲话就会显得不甚连贯,听上去自己也显得犹豫不决,存在短暂的停顿时间,任何用来填补空白的絮叨话,都算是无意义的话。

的确,向上级学习,不是因为他是上级,而是因为他优秀。上级之所以能成为上级,一定有他的过人之处。在一个单位中,上级往往是最大的风险承担者,除了要应对外界的竞争,他们还要打理方方面面的关系。可以说,身为领导所面临的压力,是普通员工所无法想象的。从这个角度来说,领导都是最优秀的。单凭这一点,就值得每个职场女性去学习和效仿。而学习,就需要你主动与上级沟通。

同时,作为职场女性,你不要人云亦云,要学会发出自己的声音。而这,都需要你的勇气。那么,可能有些女性会产生疑问:"该怎样与上级主动沟通呢?"为此,你需要掌握以下三个原则:

1. 以学习的态度相信上级的决策是正确的

不同的人,选择工作的目的不同,有些女人是为了获得物质上的满足,有的是为了发挥自己的某些个人价值,也有的想以此作为跳板,以便未来有更好的发展,找到更好的工作或者开办自己的事业。但如果我们目前还是下属,就必须认清一个形势:作为下属应该积极地向上司学习,要知道不断进步才是下属在上司手下做事的必要条件。上司工作出色,能力强,你可以充分地向上司学习,上司的今天可能也就是你目标中的明天。虚心向领导请教,收获的也不仅仅是知识,更是领导的赏识。

而这,就需要你在沟通中找出对方的优点,显示出你发自内心的赞叹,并给以总结性的高度评价。欣赏可以使沟通变得轻松愉快,它是良性沟通不可缺少的润滑剂。

2. 关心绩效

任何一个上级,都是单位利益的代表,关心绩效,会体现出你对单位利益的关心,也更容易赢得好感。

3. 多倾听

在对方倾诉的时候,尽量不要打断对方说话,大脑的思维应该紧紧跟着对方的诉说走,要用脑而不是用耳听。

4. 不要漠视领导对你的期望

如果你还没有得到晋升,那要么就是上司想继续考察你,要么就是你做得还不够。因此,你要尽一切可能把自己的本职工作做好,不要找任何理由推托、抱怨。

5. 主动请教

要知道,身处繁忙事务中的领导不可能做到关注每个下属的动态;而同时,你主动沟通,也体现了你积极上进的工作和学习态度。一般情况下,上级都是乐于向你传授经验和教训的。

身处职场的女人们,不妨问一问自己:为什么你不是领导?人活一世并非活在一个孤立的空间里,最优秀的人不是那些能力高强的人,而是那些能力高强又懂得人际关系和协作艺术的人。与上级沟通,向上级学习,那么你做事时就会更尽心尽力,也更能得到上级的欣赏!

参考文献

[1] 吴维库.阳光心态[M].北京:机械工业出版社,2006.
[2] 吴文铭.受益一生的心理学启示[M].北京:中国纺织出版社,2008.
[3] 成果.心理学的诡计[M].北京:中国纺织出版社,2010.
[4] 吴若权.人脉经营术[M].北京:中国长安出版社,2010.